シリーズ **農学リテラシー** ・・・・・・・・・・・・・ 森田茂紀 [総編集]

デザイン農学概論

森田茂紀 [編著]

朝倉書店

執筆者一覧

長島 孝行	東京農業大学農学部デザイン農学科
川嶋 舟	東京農業大学農学部デザイン農学科
石山 徹	東京農業大学客員教授 文化産業科学研究所
森田 茂紀*	東京農業大学農学部デザイン農学科 東京大学名誉教授
森元 真理	東京農業大学農学部デザイン農学科
御手洗洋蔵	東京農業大学農学部デザイン農学科
櫻井 健志	東京農業大学農学部デザイン農学科
土橋 豊	東京農業大学農学部デザイン農学科
谷口亜樹子	東京農業大学農学部デザイン農学科
野口 治子	東京農業大学農学部デザイン農学科
風見真千子	東京農業大学農学部デザイン農学科
多田耕太郎	東京農業大学農学部デザイン農学科
入澤 友啓	東京農業大学農学部デザイン農学科
松嶋 賢一	東京農業大学農学部生物資源開発学科
松田 浩敬	東京農業大学農学部デザイン農学科
土田あさみ	東京農業大学農学部デザイン農学科
桐山 大輝	東京農業大学大学院農学研究科

（執筆順，*は編著者）

まえがき

　本書のタイトルは『デザイン農学概論』であるが，デザイン農学という学術分野があるわけではない．「ないから，作ろう」というのが，東京農業大学農学部の改組で最近できたばかりのデザイン農学科の教員の思いであり，その最初の試みが本書である．

　本シリーズでは，すでに『現代農学概論』を上梓しているが，食料生産支援科学としての農学 1.0 を超えて，人口問題を背景に食料問題だけでなく，環境問題，資源エネルギー問題を解決し，持続可能社会を構築するための農学 2.0 が進化しつつあると捉えた．単に持続可能社会を構築するだけでなく，その先にある well-being まで守備範囲にしたいという思いも含まれている．その研究成果を教育に反映させるために，農学リテラシーを体系化することを目指し，シリーズ第 1 弾としてその枠組みを提示したものである．

　このような思いを実現していくためには，日本学術会議が表明しているように，機構解明を行う認識科学では十分でなく，設計科学としての農学が必要となる．この設計科学としての農学を，私たちはデザイン農学と呼ぶことにした．ただ，すでに述べたように，デザイン農学という学術分野があるわけではない．したがって，私たちでデザイン農学を作り，体系化し，提示していくしかない．ただ，現時点でデザイン農学の守備範囲を網羅的に示すことはできない．それは，この分野が生まれ，進化を始めたばかりだからである．また，社会や生活の変化に伴ってこれからも進化していくからである．

　しかし，私たちはデザイン農学が取り扱うべき課題と方法の事例を紹介することなら今でもできる．本書ではそういう紹介をしながら，デザイン農学のポイントがどこにあるかをアピールしている．すなわち，学術研究の成果を社会実装していくことにデザイン農学の最終目標があり，そのためにモノだけでなく，コトをデザインすることが大切だということである．

　本書の構成は，全体に関わる内容を取り扱った第 1 部に続いて，何をデザイン

するかという観点に立ち，第2部で生物機能のデザイン，第3部で日本の食農デザイン，第4部で生活と社会のデザインを取り上げている．

　第2部では生物自体や生産物の機能を，持続可能社会を構築するために利用するデザインの問題を取り扱っている．新しいバイオミミックスや最近発達が著しいロボット技術開発などに関わる分野である．

　第3部では，食と農のいずれか一方しか取り扱われない現状を打開するため，日本を中心に食と農とをどうマッチングさせるか，そしてそれを栄養だけでなく，健康につなげていく食農デザインを提示している．

　第4部では，人間生活と動植物との関わりから well-being を実現していくことや，震災復興や農業・地域振興を進めることを対象としたシステムデザインを取りあげた．

　これらのテーマや方法論に関する解説を手掛かりとして，私たちが目指しているデザイン農学のイメージが理解され，これに触発されて，新しいデザイン農学が展開されることを期待したい．それが，持続可能社会やその先にある well-being を実現するために役立つはずである．

2019年2月

編著者　森田茂紀

「農学リテラシー」，「農学2.0」は，森田茂紀氏の登録商標です．

目　　次

──────── 〈第 1 部　デザイン農学〉 ────────

第 1 章　デザイン農学とは？……………〔長島孝行・川嶋　舟・石山　徹〕…1
 1-1　デザイン農学の趣旨と必要性……………………………………………1
 1-2　デザインとはなにか………………………………………………………2
 1-3　「デザイン」と「各種学問」を結びつけて，
    付加価値化と差別化を目指す流れ……………………………………3
 1-4　21 世紀の国際社会が抱える問題…………………………………………4
 1-5　21 世紀の現代社会における「農学」の役割と多様性
    ―デザイン農学の意義―………………………………………………4
 1-6　デザイン農学のポイント…………………………………………………10

第 2 章　適正技術のデザイン……………………………………〔森田茂紀〕…12
 2-1　「農学 2.0」とデザイン……………………………………………………12
 2-2　JICA プロジェクト―点滴灌漑栽培―…………………………………13
 2-3　NPO プロジェクト―長根苗栽培―……………………………………17
 2-4　適正技術とは………………………………………………………………20

第 3 章　デザイン農学と教育……………………〔森元真理・御手洗洋蔵〕…23
 3-1　生き抜くための教育………………………………………………………23
 3-2　生き抜くための能力………………………………………………………24
 3-3　教育から学びへ……………………………………………………………28
 3-4　ESD とは……………………………………………………………………28
 3-5　家畜の食育と ESD…………………………………………………………29

〈第2部　生物機能のデザイン〉

第4章　生物に学ぶものづくり……………………………………〔長島孝行〕…36
　4-1　生物の利用から，生物に学ぶへ……………………………………… 36
　4-2　フォッシルエコノミー………………………………………………… 38
　4-3　マイクロプラスチック問題…………………………………………… 40
　4-4　繭やシルクの機能性…………………………………………………… 42
　4-5　新しい機能性ものづくり……………………………………………… 45
　4-6　未利用シルク（第3のシルク）の活用例…………………………… 46

第5章　生物の嗅覚センサーとロボットの融合…………………〔櫻井健志〕…48
　5-1　生物センサーと人工センサー………………………………………… 49
　5-2　人工嗅覚センサーの開発……………………………………………… 49
　5-3　匂い物質と嗅覚受容体の組合せ……………………………………… 50
　5-4　生物を利用した嗅覚バイオセンサー………………………………… 52
　5-5　生物の嗅覚バイオセンサーとロボットとの融合…………………… 57
　5-6　バイオセンサーの今後………………………………………………… 60

第6章　資源植物の開発と利用
　　　　―新規蜜源植物による養蜂システムのデザイン―…〔土橋　豊〕…62
　6-1　日本の蜂蜜生産の現状………………………………………………… 62
　6-2　蜜源植物の現状と課題………………………………………………… 63
　6-3　新規蜜源植物としてのエキウム・カンディカンス………………… 64
　6-4　エキウム蜂蜜の評価…………………………………………………… 66
　6-5　蜂蜜の機能性と副産物………………………………………………… 69
　6-6　エキウム養蜂システムの展望と課題………………………………… 70

目　　次　　v

・・・・・・・・・・・・・・・・・・・・・・・・〈第3部　食農デザイン〉・・・・・・・・・・・・・・・・・・・・・・・・

第7章　食品機能のデザイン ………………………………………………… 73
7-1　食品の栄養機能 …………………………………………〔谷口亜樹子〕… 73
7-2　食品の嗜好機能 ……………………………………………〔野口治子〕… 75
7-3　食品の生体調節機能 ……………………………………〔風見真千子〕… 81
7-4　食品機能のデザイン ……………………………………〔谷口亜樹子〕… 85

第8章　食品加工のデザイン ………………………〔多田耕太郎・入澤友啓〕… 88
8-1　食品加工の目的 …………………………………………………………… 88
8-2　食品加工の原理 …………………………………………………………… 91
8-3　食品産業の役割と課題 …………………………………………………… 96

第9章　日本の食農デザイン ………………………〔御手洗洋蔵・松嶋賢一〕… 103
9-1　生産と消費をつなぐ食農デザイン ……………………………………… 103
9-2　食品廃棄の現状と削減 …………………………………………………… 106

第10章　食と健康のデザイン ……………………………………〔松田浩敬〕… 110
10-1　健康の背景としての農業 ………………………………………………… 110
10-2　都市-農村間の連関の確立と健康問題 ………………………………… 113
10-3　現代の食と健康をめぐる問題 …………………………………………… 116
10-4　食と健康のデザインに向けて …………………………………………… 120

・・・・・・・・・・・・・・・・・・・・・・〈第4部　生活と社会のデザイン〉・・・・・・・・・・・・・・・・・・・・・・

第11章　植物による生活デザイン ………………………………〔土橋　豊〕… 122
11-1　植物を愛でる行為とは …………………………………………………… 122
11-2　植物による生活デザイン ………………………………………………… 126
11-3　園芸による生活デザイン ………………………………………………… 128

第12章　動物による生活デザイン ……………………………〔土田あさみ〕… 133
- 12-1　動物から得られるもの ……………………………………………… 133
- 12-2　動物介在介入の特長 ………………………………………………… 138
- 12-3　生活や社会で動物を適切に活用するために ……………………… 139
- 12-4　人と動物の関わりにおける未来 …………………………………… 142

第13章　医福食農連携のデザイン …………………………〔川嶋　舟〕… 144
- 13-1　医福食農連携とは …………………………………………………… 144
- 13-2　日本農業の課題の背景 ……………………………………………… 145
- 13-3　福祉領域の抱える課題 ……………………………………………… 146
- 13-4　福祉領域と農業領域の相性 ………………………………………… 148
- 13-5　福祉領域での就労に求められること ……………………………… 149
- 13-6　農福連携を継続させるために ……………………………………… 150
- 13-7　農福連携に取り組む事例 …………………………………………… 151
- 13-8　新しい農福連携モデル ……………………………………………… 152

第14章　日本の地域デザイン ………………………………………………… 155
- 14-1　地域の経済活性化と食農デザイン ……………………〔石山　徹〕… 155
- 14-2　地域のリデザインとブランド化 ………………………〔川嶋　舟〕… 161
- 14-3　農地利用のデザイン ……………………………〔桐山大輝・森田茂紀〕… 166

第15章　都市農業のデザイン ……………………〔御手洗洋蔵・松嶋賢一〕… 174
- 15-1　都市で営まれる農業 ………………………………………………… 174
- 15-2　都市住民が創る都市農地「市民農園」 …………………………… 178

索　引 ……………………………………………………………………………… 183

〈第 1 部　デザイン農学〉

第 1 章　デザイン農学とは？

❖ 1-1　デザイン農学の趣旨と必要性

　「デザイン」と「農学」を組み合わせた「デザイン農学」という言葉は，これまで聞いたことがない人が大半だと思う．それもそのはずで，デザイン農学は，東京農業大学が生み出した「日本発の新しい融合農学であり，先端的応用科学」だからである（http://www.nodai.ac.jp/academics/agri/inno/）[1]．

　食料問題，環境問題，資源・エネルギー問題の解決は，今や日本のみならず世界の喫緊の課題である．これらの複雑に絡み合う 3 つの課題を解決するためには，食料問題を中心に個別的な課題に取り組んできた従来の農学の発想・知識・技術を総合し，持続可能な循環型社会を設計（デザイン）する必要がある．

　一方，日本学術会議では，

　　農学は，食料や生活資材，生命，環境を対象とし，「生物資源の探索・開発・
　　利用・保全」，「農林水産分野の生産基盤システムの高度化」，「農林水産分野
　　の多面的機能の保全・利用」を目的とする，認識科学（'現象の認識' を目的
　　とする理論的・経験的な知識活動）と連携した設計科学（'現象の創出や改
　　善' を目的とする理論的・経験的な知識活動）であり，生命科学系の総合科
　　学である

と定義した（「大学教育の分野別質保証のための教育課程編成上の参照基準　農学分野」（2015 年 10 月 9 日））．

　このような既存の農学を踏まえ，デザイン農学では，生物やその生産物のもつ多面的な機能性に注目し，その利用技術や新機能性製品の開発，食農システムの構築を通じ，豊かで持続的な社会・地域・生活をデザインし，実現させることを目指している．

　デザイン農学は，以下の 2 つの方向性を有する．

① 「イノベーション農学」の観点から生物や生産物がもつ多様な機能を理解したうえで，潜在的な新機能を開発し，持続可能な社会の構築に利用できる能力を有している．
② 「サステイナビリティ農学」の視点に基づいて，持続可能な食農システムや農業の多面的機能を活用したシステムをデザインし，社会実装することで豊かで，持続可能な社会・地域・生活を構築していく能力を有している．

1-2 デザインとはなにか

デザイン農学という言葉は知らなくても，デザイン工学という言葉は，誰もが聞いたことはあるだろう．おそらく，デザインセンスの良い家電製品や，インダストリアルデザイン（工業デザイン）などのイメージが強いため，デザインと工学が結びつくことには違和感がないかもしれない．

日本では，「デザイン」は「視覚的な構成やイメージ」などを総称するような言葉で，センスや感性，創造性などに関連するものだと考えられているのかもしれない．このような認識だと，芸術系や建築家などのことをデザインの専門家だと考えるだろう．また，このようなデザインの認識の延長だと，「デザイン思考」という言葉も，「デザイナーらしい考え方や発想法，創造法」といった印象をもちかねない．

しかし，「視覚的な構成やイメージ≒デザイン」という認識は，正確ではないし問題点も多い．まず，デザインという言葉は，「概念やイメージ，構成要素の再構成・再統合」というニュアンスの方が正確である．また，「デザイン」の原義は，「対象に意味を与える」というものである[3]．

このことから，本書では，デザインの定義を，「対象の要素や概念を再構成・再

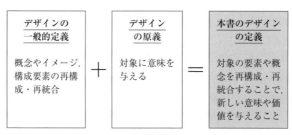

図 1.1　本書におけるデザインの定義

統合することで，新しい意味や価値を与えること」とする（図1.1）．

❖ 1-3 「デザイン」と「各種学問」を結びつけて，付加価値化と差別化を目指す流れ

　デザインは，文化や芸術分野に限らず，工学や経営学などあらゆる学問体系で活用されており，実際に「○○デザイン」という名称の学問領域も少なくない．そうであるなら，なぜ「デザイン農学」という学問は，これまで生まれてこなかったのだろうか．これを考える上で，「デザインと工学」「デザインと経営学」の統合・融合の事例が参考になる．

　繰り返しになるが，本書でのデザインの定義は，「対象の要素や概念を再構成・再統合することで，新しい意味や価値を与えること」である．そして，ここでの問題設定は，「なぜ対象を再構成してまで，新しい意味や価値を与えなくてはならないのか」という「目的」にある．デザインの目的は，「対象の付加価値や生産性を高め，イノベーション（革新・革命）やクリエーション（創造）を促進すること」ではないかと考える．

　工学や経営学は20世紀に急激に進展した学問領域であり，人類の豊かさやライフスタイルすらも設定するほどの影響力をもった．研究が著しく進展した結果，細分化や専門化が進み，実践，実証，臨床から離れていくケースも増える傾向にあった．一方で，発展した分野だからこそ，社会的要望や社会的評価も高まり，学問領域としても付加価値や差別化が必要になってきた．そのような細分化と専門化の先の発展・展開形の1つとして，デザインが工学や経営学に結びついたのではないかと考えられる．

　このことから，デザインと各種学問が結びついた融合領域が生まれた流れは，以下の3つの要素が考えられる．すなわち，①影響力がある分野で，発展した結果，細分化と専門化が進んだ工学や経営学等の学問領域で，②社会が望む目的や目標（研究成果に基づいた社会還元，社会貢献可能性，社会実証など）を達成し，かつ学問領域の付加価値化，差別化につなげるために，③目的や目標に合わせて，各研究領域の知見，成果を再構成，再統合し，新しい意味や価値を生み出していく．

　このような価値創造の流れは，1990年以降の学術研究のイノベーションが，複数の専門性を有する専門家どうしのチームワークや連携による研究から生まれていることからも見て取れる[4]．

1-4 21世紀の国際社会が抱える問題

　学問による社会貢献，社会還元，社会実証を考える上で，まずは現代の国際社会が抱える問題を把握することが必要である．21世紀の国際社会は，複雑かつ解決困難な国際問題が山積みである．

　現代の国際社会における共通課題としては，国際連合が提言するSustainable Development（持続的開発）があげられる．2015年9月の国連総会で採択された「我々の世界を変革する―持続可能な開発のための2030アジェンダ―」では，「持続可能な開発目標（SDGs：Sustainable Development Goals）」が示された．この持続可能な開発目標は，持続可能な開発のための17のグローバル目標と169のターゲット（達成基準）からなる．以下に，17のグローバル目標を示す．

　①貧困をなくそう，②飢餓をゼロに，③すべての人に保健と福祉を，④質の高い教育をみんなに，⑤ジェンダー平等を実現しよう，⑥安全な水とトイレを世界中に，⑦エネルギーをみんなに，そしてクリーンに，⑧働きがいも経済成長も，⑨産業と技術革新の基盤をつくろう，⑩人や国の不平等をなくそう，⑪住み続けられる町づくりを，⑫つくる責任つかう責任，⑬気候変動に具体的な対策を，⑭海の豊かさを守ろう，⑮陸の豊かさも守ろう，⑯平和と公正をすべての人に，⑰パートナーシップで目標を達成しよう

　このSDGsは，大枠としての目標であるためか，抽象的な理念を並べているようにも思える．そこで，本章では，上記のグローバル目標を踏まえつつ，より具体的な問題解決の対象を設定する．

　喫緊かつ深刻な問題，解決困難な問題として，広く国際社会に認識されている解決すべき課題は，①世界的な格差拡大に伴う中間層の消失と，下層の激増，一部の超富裕層の出現，②食料安全保障（これに関連する水問題，気候変動，海流変化，食料資源の枯渇，農業にまつわる知的財産権），③都市部への資源・資本・人材の一極集中と地方の著しい衰退，の3つである．これらの課題は，日本に限らず，先進国や発展途上国のすべてに関係する深刻な問題である．

1-5　21世紀の現代社会における「農学」の役割と多様性―デザイン農学の意義―

　上記の3つのテーマを解決するために，農学，とくにデザイン農学が非常に有

効である.

　なぜなら，食料問題，環境問題，資源・エネルギー問題の3つの課題は相互に密接に関連しており，個別課題を解決しても全体システムの最適化にはつながらないため，課題全体を俯瞰しながら解決，デザインできる能力が強く求められているためである.

　ここで，デザイン農学のコンセプトについて述べたい．まずは「デザイン」は名詞ではなく，動詞的なもので，「意味をもたせる」「組み立てる」という意味に捉えられないだろうか？　そのように捉えると，デザイン農学は，対象を農学の視点から，「新たな経験や価値のイノベーションを起こす」ことといえる.

　別のいい方をすれば，デザインには，社会課題に対してその問題点を明らかにし，その解決方法を検討することで，モノやコトの新しい形（モデル，システム等）を作ることに至る「問題解決」の意味もある.

　農学の領域においてこれまで様々な知見が見出されているが，十分に社会に還元されているとはいえない．デザイン農学では農学を広く捉え，ヒト・モノ・コトを新しい形で連携させることにより，経済，社会，環境に還元できる仕組みやモデルを構築し，豊かさの尺度やライフスタイルを変える実学を実践したいと考える.

a. 世界的な格差拡大に対するデザイン農学の貢献可能性

　東西冷戦終結に伴う1990年以降の急速なグローバル化の進展により，資本は国境を越えて流動し，経済の上層から下層へと資本のトリクルダウン（大企業から中小企業，労働者へと資本が「滴り落ちる」の意味）が生じないことが多数報告されている.

　トリクルダウンが生じないことにより，経済の上位階層に資本が蓄積し，格差が世界中に広がっている．格差とは，中間層が消失することも意味する．そして，もともと中間層に位置していた人が下層に移動し，下層が激増する．そして，一部の富裕層が，ますます豊かになる.

　日本は，かつて1億総中流の国といわれた．しかし現在の日本は，経済規模を表すGDP（gross domestic product：国内総生産）こそ世界第3位であるが，格差の拡大，および二極化が進んでいる．2010年のOECDの報告によれば，等価可処分所得（世帯の可処分所得を世帯の人数の平方根で割ったもの）の中央値（資料を大きさの順に並べたとき，全体の中央にくる値）の半分の額に満たない世帯の割合を示す相対的貧困率（相対的貧困率は，単純な購買力よりも国内の所得

格差に注目する指標であるため，日本など比較的豊かな先進国でも高い割合が示される．また，OECDでは，等価可処分所得（世帯の可処分所得を世帯人数の平方根で割って算出）が，全人口の中央値の半分未満の世帯員を相対的貧困者としている）が，日本では16.1％であり，これはOECDに加盟する34か国の中で，第4位の高い貧困率である．

一方で，メリル・リンチのWorld Wealth Reportによると，日本は，富裕層の人数が世界で2番目に多い国であることが報告されている．この報告における富裕層の定義は，主な居住用不動産，収集品，消費財，および耐久消費財を除き，100万米ドル以上の投資可能資産を所有する資産家としている．

日本は相対的貧困率が高い国であるが，その事実を多くの日本人が認識していない可能性がある．しかし，現実はすでに中間層が著しく減少しており，その分，下層が激増している．そのような格差拡大の時代においても，人が生きている限り食料は必要不可欠である．

日本に限らず，国際社会で食料問題は注目されており，解決困難な課題でもある．2015年のイタリアのミラノで開催されたミラノ万博は，「食料問題」をテーマとして開催された史上初の万博である．ミラノ万博では，食料問題を通して現代の先進国と発展途上国の格差はもちろんのこと，先進国内の格差の問題も議論の対象にあげている．本万博は，先進国内の格差拡大に伴い，「万人が，安全で，健康的，かつ持続的生産が可能な食料にアクセスできる機会」が平等に得られることが減少していると提言した．

このような問題は，すでに先進国の日本でも同じように生じている．しかし，「日本は一億総中流」という，事実とは異なった社会認識をもっていると，現実の問題を見過ごしてしまう．日本も格差拡大に伴い，経済的な理由で「安全性，持続的生産可能性，健康面という点で，課題がある食料しか選ぶことができないケース」が，増加していく可能性が高い．すると，今後，科学的かつ技術的なアプローチで，食料生産の一層の効率の向上や量産化の促進に注力されることが考えられる．これらの研究・開発の進展により，食料や食料加工品に対して様々な機能性や効用を付加し，より付加価値の高い食料生産も可能になる．

しかし，「より安全かつ健康的，持続的な生産が可能であること」という指標をクリアした食料を，経済的困窮の状況にある貧困層に対してどれだけ提供できるかは課題が多い．穀物のような一部の農作物は，科学技術の発展により，量産化や低下価格化が実現可能だとしても，すべての食料や産品で実現することは困難

がつきまとう.

　よって，より安全かつ健康的で，持続的な生産が可能である食料を広く国際社会に浸透させていくには，技術開発的な農学的アプローチとともに，社会学的，経済学的，政治学的な農学的アプローチと融合・統合することで，ベストな組合せをデザインしていくことが必要である.

　以上のような理由から，デザイン農学が格差問題から派生する貧困問題にも貢献できる可能性が高いと考える.

b. 食料安全保障とデザイン農学の貢献可能性

　2013年時点で，日本の食料自給率がカロリーベースで39%と低く，この水準は先進国の中でもきわめて低い部類である（カロリーベースで日本の食料自給率を算出することに異論をはさむ人は少なくない．生産額ベースで算出した場合，日本の食料自給率は66%となる）．しかしながら，食料は，経済力さえあれば安定的に購入できるかといえば，定かではない．

　20世紀後半より，気候変動や異常気象，海流の変化が生じている．また，水不足も深刻な問題となっている地域が少なくない．これらの問題が重なると，農作物の不作や漁業の不漁，感染症，パンデミックの流行など，食料生産に大きな影響を及ぼす．これが食料経済に響き，食料価格の高騰にもつながる．

　世界では，食料は安全保障の対象として位置づけられている．食料が確保できないと，国の存続が危ぶまれるほど重大な問題に発展することがあり，食料価格の高騰が1つの要因となって生じたクーデターや国家転覆のケースも少なくない．食料が他の安全保障の対象と異なる点は，「食料は，経済力さえあれば，いかなるときも安定的に購入できる」とは限らないということである．

　食料には，供給先の優先順位がある．自国で生産した食料の優先順位は，まず自国民であり，余剰分が他国に販売される．しかし，食料生産が気候変動などで不安定になったり，食料価格が乱高下したりすると，食料を自国で備蓄したり，他国に販売するのを禁止したりする．なぜなら，食料の優先順位の最上位があくまでも自国民であるためである．多くの国では，安全保障上の観点から，安定した国内食料生産のために様々な税制等の補助が付いている．これは見方を変えれば，国内食料生産に税制等の補助が付いている以上，食料価格が乱高下した際には，政府が食料輸出に対して，一定の介入をする可能性を示唆している．

　食料価格が不安定になると，日本は必要以上に高いコストを払わなければ食料を購入できなくなる．そして，高額で購入した食料を国民に普及させるためには，

格差拡大している現代日本において広く普及するためには，国が一定の負担（食料購入価格の負担）をしなければならない可能性が高まる．

問題は，食料問題が気候変動や水不足などの環境要因で大きく変わる上に，それがいつ起こるか予測がつきにくいことである．食料は安全保障の重要な対象であるにもかかわらず，わが国における食料安全保障は，21世紀になっても改善しているとはいいがたい．食料に対する，「比較的安価に安全なものが購入できる」という認識や，「日本は食料では困らない」という認識は，いつ崩れるかはわからない．そのため，安全保障の観点から，自国内食料生産の推進が必要不可欠であり，日本の食料自給率を高めるために，あらゆる農学的分野の知見を導引し，デザインする対策が必要である．

国内の食料生産を高めるためには，海外との食料と比較して，価格や付加価値の面で競争力を保たなくてはならない．生産した1次産品，あるいは6次産品に国際競争力がなければ，自国の食料生産が縮小したり，衰退したりする可能性もある．その対策として，競争力を高めるための付加価値や機能性などを高めることが有効かもしれない．あるいは，安全保障上の観点から，一部の食料生産に対して一定の政府支援策を講じる必要がある．

食料輸入や輸出に関しては，近年締結したTPP（環太平洋パートナーシップ協定）や欧州とのEPA（経済連携協定）の食料関連条項も踏まえなければならない．これらの国際経済協定では，1次産業に関連した知的財産権等の強化や国際標準化が注目されている．1次産業に関連する肥料や農薬，品種は，知的財産権等が大きく関わり，知的財産権による国際対策を整備しなければ，日本は国際競争で不利になる．

しかしながら，1次産業に関する知的財産権等の対策に関しては，日本は先進国の中でもきわめて遅れており，近年になってやっと取り組み始めたという状況である．1次産業に関する知的財産権等の対策で失敗することは，深刻なダメージが生じる可能性が高く，すでに被害の報告もある．

近年で深刻な被害を被ったケースでいうと，イチゴのトチオトメをはじめとする複数の品種があげられる．これらの品種は韓国に流出したことで日本の輸出機会が奪われ，農水省によれば2013〜2017年の5年間で最大220億円の損失があった．本件がきっかけで品種流出の影響が少なくないことが日本の農業でも明らかにあり，農水省は海外での品種登録の必要性を農業関連組織や従事者に対して訴えている．農水省によれば，これらが品種登録できていた場合に品種開発者が

得られていたロイヤリティー（許諾料）は，年間16億円だったと推計した．品種登録していれば栽培の差し止めや農産物の廃棄を求めることができるが，登録していないためこうした対抗策が取れない．

本件でいえば，①韓国での栽培による直接的な経済的損失だけでなく，②韓国からこれらの品種の種苗が国外に流出することで第三国での栽培が行われることによる連鎖のリスク，③抑止できない新たなイチゴ（これらの品種をベースとしたもの）の遺伝資源を利用した新しい品種改良が行われるリスク，④本件に関して日本は法的な対策が取れないこと，などの深刻な問題がある．

以上より，国際的な比較から判断すると，日本は1次産業に対して，①安全保障の対象としての認識が乏しい，②知的財産権等の対象としての認識が乏しい，といえる．

このように，安全保障，そして，経済活動としての観点から農学や農業を考えると，持続的農業を実現するためには，様々な要因が複合的に関わる．世界における農学を鑑みて，多分野の専門性を内包する農学を目的や目標に応じて組み合わせ，デザインすることが重要である．デザイン農学は，日本の食料安全保障問題に寄与できるような人材育成に貢献できる．

c. 地方経済の衰退とデザイン農学の貢献可能性

立地が良く活用しやすい平地部分は，住宅や商工業用地として活用されており，そのような土地には都市が形成されている．地方は，平地以外の大部分の傾斜地に該当している．そして，その地方で食料は生産されている．

しかし，日本の地方は著しい衰退状況にあることが問題である．地方から都市部への資本，人材，資源の流出が止まらず，高齢化や雇用消失が進んでいる．加えて，地方の農業では後継者不足も重なっている．

地方の農業は厳しい状況にあり，現代の日本農業の課題としては，①農家所得の向上，②1次産品の生産性や付加価値の向上，③農産品や6次産品の国際的信頼や評価の獲得，高付加価値化，④農産品の国際輸出などがあげられる．

このような農業の生産性や付加価値の向上に関する問題を要約すると，現状の農業生産スタイルのままでは，営利活動として農業を続けたり，継承したりすることが難しい場合が少なくない．

さらに，農業が基幹産業である地方においても，農業のみの活性化では地域の広い協力や支援，あるいは連携が受けられずに，分野や産業を越えた大きな流れが生まれないといった課題がある．

2014年から2019年まで行われた地方創生政策は，地方の経済・雇用・子育て環境を改善し，地方の総合的な経済活性化を目指した政策であった．しかし，先進国における地方の経済活性化は，国際連合も報告するほどの世界最難関の未解決の国際問題である．日本の地方創生政策でも，目覚ましい成果は出てはいない．

先進国の地方の経済活性化が世界最難関の国際問題だといわれる理由としては，①グローバル経済下では，資本や人材，資源は一極に集中する傾向がある（都市に集中），②グローバル経済下では，都市の経済が，地方へとトリクルダウンは起こらない，③発展途上国とは異なり，先進国の地方の経済活性化の取組みは，国際支援の対象にはなりにくく，地方の自己責任の問題になりがちである，という3点があげられる．

地域を活性化するには，農業や6次産業化のみならず，観光や宿泊業などにも波及するように地域産業の連携体制をデザインして，地域内での相乗効果や経済循環が生まれるような仕組みを作る必要がある．

したがって，デザイン農学は，日本の地域経済活性化に寄与できるような人材育成に貢献できる．

❖ 1-6 デザイン農学のポイント

現代社会が抱える多くの複雑な問題を解決・解消するには，農学の多分野にわたる知見が不可欠なことを説明してきた．世界的な格差拡大対策，食料安全保障，地域経済活性化に関する問題を対処するには，既存の学問分野を守備範囲とする専門家が個別に対処するだけでは限界がある．そのため，これまでの生産だけの農学から，新たな問題設定の枠組みをデザインした学問，つまり「デザイン農学」が必要である．

これまでの1次産業としての生産農学をバージョン1.0とれば，デザイン農学の目指すものは，その先のバージョン2.0ということになり，これを森田茂紀[2]は「農学2.0」と呼んでいる．デザイン農学は，幅広い農学の知見を駆使して，経済，社会そして環境までを同時に考えたモノ・コト・ヒトづくりを実践し，社会に還元することを目指す．

現在の日本の厳しい経済状況下において，デザイン農学に問われる必要不可欠な要素は，①対象の特性を踏まえた上での，②コストパフォーマンスの高い，③生産性の向上と付加価値の向上のための具体策の考案・運営・実証の3つである．

上記の3つの要素を実現するために，デザイン農学には，①既存の農学分野（自然科学，社会科学）に加え，②地域の文化や歴史，政治などの要素，③プロジェクトマネジメントやリスクマネジメント，④視覚的なデザイン，形状，造形，⑤コンセプトやシステムの開発・デザイン・プロデュースなど，多岐にわたる専門性が必要であり，これらの専門性を融合した学問体系を構築していく必要がある．それが筆者らの考えるデザイン農学である．

〔長島孝行・川嶋　舟・石山　徹〕

文　献

1) 石山　徹他："デザイン農学"のすすめ─臨床型の社会還元・実証を目的とした融合・統合農学の展開可能性─文化産業科学学会誌, in press.
2) 東京農業大学「現代農学概論」編集委員会編 (2018)：現代農学概論─農のこころで社会をデザインする─, 朝倉書店.
3) ベルガンティ, ロベルト著, 佐藤典司訳 (2012)：デザイン・ドリブン・イノベーション, 同友館.
4) Wuchty *et al.* (2007) *Science*, **316**：1036-1039.
5) 吉田芳春・全国農業協同組合中央会 (2018)：JAグループ　知的財産戦略的活用の手引き, JAグループ知財農業推進研究会.

第 2 章　適正技術のデザイン

❖ 2-1 「農学 2.0」とデザイン

　筆者らは先にシリーズ〈農学リテラシー〉『現代農学概論』を作り，明治時代に始まった日本の近代農学を食料生産支援科学としての「農学 1.0」とすれば，現代の農学は農学 1.0 を完全に包含した「農学 2.0」（図 2.1）として捉える必要があることを示した．

　すなわち，人口問題を背景にして食料問題だけでなく，環境問題および資源・エネルギー問題のトリレンマをどのように解決し，持続的社会を構築していくか（図 2.2），その向こうにある well-being（幸福，第 10 章も参照）をいかに実現するかを農学 2.0 の最終目標として設定した．

　日本学術会議も，農学は認識科学ではなく設計科学であるとしている[2]．このことは，農学の目的は単なる機構解明ではなく，それを踏まえて新しいモノ，技術，システムあるいは社会をデザインすることを示している．

　デザインといえば，まず車やファッションが頭に浮かぶ．しかし，最近では見た目の意匠ということだけではなく，人生，地域，社会などの多様な対象に対し

図 2.1　「農学 1.0」と「農学 2.0」[5]

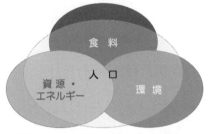

図 2.2　持続的社会構築のための課題[5]

てデザインという用語を使うことがある．これは，モノの見た目ではなく，システムや機能をデザインすることが本質であることに，人々が気づき始めた証拠といえる．

私たちは，農学における研究成果がどう社会還元・社会実装されるかに強い関心をもち，「デザイン農学」という今までにない枠組みを模索している．本書はその初めての試みとなる．本章では，新しいモノやハイテク技術を開発することが，必ずしも持続的社会や well-being を実現するのに役立つとは限らず，適正技術という観点から考えたシステムデザインが必要であることを，筆者が見聞きした海外支援の事例を中心にして問題提起したい．

❋ 2-2　JICA プロジェクト―点滴灌漑栽培―

a.　メキシコ砂漠開発プロジェクト

このような問題意識をもったのは，JICA 短期専門家としてメキシコの砂漠に送り込まれたときのことである．メキシコの北側の 3 分の 1 は砂漠であるが，鉱物資源が豊富なため多くの人びとが暮らしている．その人びとに十分な生鮮食料品を供給することが大きな課題となっていた．

メキシコ政府から本件について相談を受けた日本政府は，JICA（当時は国際協力事業団，現在の国際協力機構）を窓口として，現地の調査経験をもつ鳥取大学乾燥地研究センターを中心に対応した．筆者はアメリカ（アメリカ農業省研究部）に留学し，半乾燥地におけるコムギ栽培について研究した経験を評価され，帰国後に乾燥地研究センターの客員助教授，後に客員教授を併任した．そのときに，本プロジェクトに参加した．

プロジェクトが実施されたのは，カリフォルニア半島のちょうど真ん中あたり，太平洋に面したゲレロネグロという小さな町である．年間の降水量が 100 mm にも満たない乾燥地で，ここに世界最大の天日塩田がある．塩田で働く人々のために作られたような町であるが，ここで生活する人々の食料，とくに野菜や果物の安定供給が課題であった．

b.　点滴灌漑システム

この課題を解決するために，乾燥地研究センターは点滴灌漑システムを導入した．点滴灌漑というのは，イスラエルで開発された究極の灌漑システムで，作物を播種あるいは定植した箇所だけに肥料を含む灌漑水をチューブから 1 滴ずつ

らしていく（図2.3）.

　地球には大量の水があるが，そのほとんどは塩水で，淡水はわずかしかない．しかも，その淡水の多くは南北極の氷や凍土のように，すぐには利用できない．したがって，人類が実際に利用できる水の量は，ほんのわずかである．

　しかし，世界の水利用量は人口増加に伴って増え続けている．水の利用は，農業用水，工業用水，生活用水の3種類に分けられるが，このうち農業用水が全体の約7割を占めており，灌漑水の節約が世界的な課題である．

　点滴灌漑システムを採用すれば灌漑水が大幅に節約できるだけでなく，乾燥地においても安定した作物栽培が可能となる．点滴灌漑システムでは，畑全体に灌漑水を行き渡らせるために，かなりの圧力がかかっており，チューブの所々に穴が開いているだけでは灌漑水が噴き出してしまう．そこで，エミッターという点滴の出口には，水圧を下げる構造が作ってある．

　メキシコの現地では，土壌の塩類濃度が高く，遠くから運んでいる灌漑水の塩類濃度やpHも高いという状況であった．そこで，まず酸で灌漑水のpHを調整し液肥を加えたうえで，点滴灌漑を行った．

　試行錯誤の末，筆者が着任したときにはすでに立派な野菜や果物ができていた（図2.4）．結果的にプロジェクトは成功し，技術導入・技術移転ができたということになる．ただし，現地の農家が実際に点滴灌漑栽培のシステムを導入できるかどうかは別問題である．

　すなわち，点滴灌漑システムの施設を導入するには経費がかかるので，付加価値の高い作物を栽培しないと採算が取れない．また，システムを動かすためには，

図2.3　メキシコの砂漠に導入した点滴灌漑システム（写真：森田茂紀）

図2.4　点滴灌漑栽培したトウガラシ（左）とカンキツ（右）（写真：森田茂紀）

オペレーターの技術能力も必要となる．
　したがって経済的な余裕や技術能力がある農家しか導入できない，という点に注意しておきたい．実際，プロジェクト終了後にメキシコ政府が支援をして，大規模農家にゆっくりと普及していったと聞いている．

c. 技術開発と試行錯誤—ブリコラージュ—

　ところで，現地では点滴灌漑栽培を行うに当たり，点滴灌漑チューブの位置や灌漑時間が恣意的に決められていた．前項で「試行錯誤」の末と書いたのは，このような状況を表現している．
　もちろん，どんなに簡単に見える技術導入・技術移転であっても，そのままというわけにはいかない．現地での試行錯誤は必要となる．また，科学研究の成果が技術開発に必ず，すぐ役立つとも限らないが，根系調査もしないで点滴灌漑栽培を試行錯誤してきたことは，筆者には大きな驚きであった．
　遅ればせながら，現場で根系調査をしたり，作物の塩分吸収についてデータを取っておくことが，少なくとも将来的に役立つ可能性が高いと考え，JICAの専門職員の豊田正範（現在，香川大学教授）と相談して，根系調査を行うことにした．
　根系調査をすることは想定していたが，現地の詳細もわからず，身の回りのものだけもって現地に入ったため，特別な準備はしていなかった．現場の備品をチェックしたところ，土壌調査で使用する金属製の円筒がたくさんあることに気がついたので，これを利用することにした．
　まず，穴を掘って作物の根系を目視で観察する予備調査を行ったうえで（図2.5左），本調査用の塹壕を掘って土壌断面を整形した．その後で，金属円筒を土壌断

図 2.5 点滴灌漑栽培したトウガラシの根系調査(写真:森田茂紀)

面に垂直に打ち込み,根を含む土壌を採取した(図 2.5 右).

砂地なので根を洗い出すことは簡単にできた.そこで根の長さを測って図示したところ,点滴灌漑チューブ側の根が発達していることが確認できた(図 2.6).ここではメキシコで需要が多いトウガラシと,高く売れるメロンの根系調査を行ったが,いずれも根系分布が比較的浅いこと,また,点滴灌漑チューブ(●)の側で根系が発達していることが確認できた.

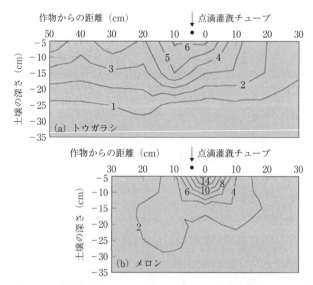

図 2.6 点滴灌漑栽培したトウガラシ(上)とメロン(下)の根系分布[1]
図中の線は,根長密度(根長/単位土壌体積)の同じ地点を結んだもの.

ここで採用したのは，従来の調査法を参考にはしているが，現地で工夫して考案したものである．現場にあるもので何とかするブリコラージュ（bricolage）の例といえる．適正技術とは何かを考える場合，現場状況の把握とともに必要な視点ではないだろうか．

❖ 2-3　NPOプロジェクト―長根苗栽培―

a. コロンブスの卵

筆者は，アメリカから帰国後しばらくして，数名の仲間と根研究会（現在の根研究学会）を設立して代表となった．研究会立上げ直後に，「サヘルの会」（現在の「サヘルの森」）というNPOが主催した「根をデザインする」というワークショップに招待された．

彼らは長年にわたり，中東およびサヘル地域（サハラ砂漠の南側に接する地域）で植林活動や生活支援活動を行っている．乾燥地における植林活動で根に着目していることから，声をかけてくれたのである．

彼らは長年にわたる経験から，どんな乾燥地でも，数は少なくとも生き残っている植物があること（図2.7）を「再発見」した．そして，過酷な乾燥条件の中でも生育している植物を調べてみると，地下に残っている水まで根が達しているものが多いことがわかってきた．

砂漠のような乾燥地でも，土壌深層には水が残っていることが少なくない．その水を利用できた植物が生き残っているということに気がついたのである．それなら，そういう状況を作ってやれば木が育つのではないか，と彼らは考えた．

図2.7　UAE（アラブ首長国連邦）の沙漠で生きる植物（写真：サヘルの森）

すなわち，土壌深層に残っている水まで届く深い根を作るということである．彼らは，長い根をもった苗を育てそれを定植すれば，それが生きながらえて大きくなる可能性が高いだろうと考えたのである．

コロンブスの卵である．同じ現場の景観を多くの人が目にしてきたが，誰もそのことに気がつかなかった．彼らの自然を読み解く力に敬服するしかない．

b. 長根苗栽培①—育苗方法—

この考え方を活かすためには，課題が2つある．1つめは，どのように長い根をもった苗を作るかである．通常，植林のための苗は小型のビニルポットで育てるか，苗床で露地栽培する．

ポット栽培だと根が伸びる範囲が限られるため，根がポットの側面や底面でとぐろを巻いてしまう．これを根鉢という．根鉢が形成された苗を定植しても根はポット部分からなかなか外へ伸びていかない．また，苗を露地栽培の場合は苗を取るときに根を切ってしまうので，やはり根は伸びにくい．

そこで彼らは，雨の日に傘を入れる長いビニル袋を使うことにした．これに現地の土を入れ，袋の下は植物残渣を詰めて排水できるようにしておく．ただ，袋の所々を紐で縛っておかないと土が圧縮を起こしてしまうなど，細かいノウハウが少しある．

このようにして準備したビニル袋はそのままでは自立しないので，どこかに吊るすか，もし現地にタケがあれば割って挟んで立てかければよい．この培地に種を播けば，1か月で1mほどの根をもった苗を育てることができる．このようにして育てた苗を，彼らは長根苗と呼んでいる（図2.8）．

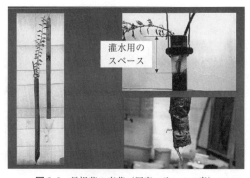

図2.8　長根苗の育苗（写真：サヘルの森）

c. 長根苗栽培②―定植方法―

　もう1つの課題は，このようにして準備した苗を植えるために，細くて深い穴を，砂砂漠でどのようにして掘るかである．ここで，大小の入れ子の2本の塩ビのチューブを用意して，内側のチューブに掃除機をつなげる．その掃除機で砂を吸わせてやると，外側のチューブが徐々に土壌中に沈み込んでいく．

　内側のチューブを抜いてやれば，外側のチューブが中空で土壌中に残ることになる．それに苗を挿し込んで，外側のチューブを抜いてやれば，周囲の砂地が崩れて，自然とビニル袋と周囲の土壌との隙間が埋まる（図2.9）．

　ビニル袋にナイフで切込みを入れておけば，根は袋の外側に伸びやすくなる．また，苗を挿入する前に穴の中に灌水して，定植した苗の吸水の効率をあげる工夫もある．

図2.9　長根苗の定植（写真：サヘルの森）

図2.10　長根苗栽培（左）と慣行栽培（右）の比較（写真：サヘルの森）

以上のようにすれば，乾燥地でも苗が生き残る可能性が高くなる．すべての苗が必ず生き残るというわけではないが，生き残る確率が高くなれば十分である（図2.10）．彼らは，このアイデアを「根をデザインする」と呼んでいる．

サヘルの森のポリシーは，自然に学ぶということとともに，現地であるもので何とかするというところにある．これもまた，ブリコラージュの典型的な例といえる．そのため，貧しい農民でも取り入れることができる．

ただし，これは「やってみよう」という気になれば，の話である．日本では，木を植えることは無条件によいことと考えられている．そうだとして，農民が自分たちに何のメリットもないのに，地球環境のために木を植えるだろうか．

❖ 2-4 適正技術とは

a. モチベーション

サヘルの森のポリシーの1つに，「植えた木は，育ったら切って使う」ということがある．サヘル地域や中東などの乾燥地域において，植物は生活必需品である．燃料になったり，家の素材になったり．そのため，自分たちが使う木なら植えるが，地球環境を救うために木を植えたりはしない．

緑の地球ネットワーク（GEN）の高見邦雄も似たような考え方を取り込んでいる．彼は中国の黄土高原で，苦労しながら緑化支援を続けてきたが，その中で，果樹を取り入れている[3]．農民は，黄土高原の生態系再生のために木を植えたりしないが，果物なら収入があるので植えるのである．

特殊な例かもしれないが，こんな話もある．渡部忠世はアジア各地の稲作について調査を行ってきたが，インドネシアのモルッカ諸島には，米は食べるが作らないという人々がいることを報告している[6]．

整備された灌漑水田における稲作は，決められた時期に，決められた作業を行う必要がある．そのため，栽培するというより，熱帯地域に「生えている」作物を食べれば生きていける人びとは，面倒な稲作はやりたくないのである．私たち日本人には理解しにくいことであるが，これも事実である．

これらの事例を見ると，自分が地球を救うヒーローになるという思い上がりも大切ではあるが，「助けてあげるから私のいうことを聞け」というアプローチをしたときに，その論理が相手に通じるかどうかはわからない．「助けてもらう必要はない」「面倒だからやりたくない」といわれたら，どうするのかということであ

る.

似たような問題は日本国内でもありうる．たとえば，地域振興のためにバイオマス利用を推進とする場合，農家，企業，行政，市民では目指すところが違うだろう．そのとき，思惑が異なる様々なステークホルダー全員が乗れるような枠組みを作ることができるか，汗をかいてそれを実現する人材がいるかで勝負が決まる．

以上のように，技術移転や技術協力を進める場合，現場で生活している人びとが，関係者が技術導入や技術移転に関してやる気になることが，あるいは少しでも生産量や品質を上げようと考えることが，まず前提となるのではないか．

b. 技術と経費

前提がクリアできたとしても，現場がその技術を受け入れられるかどうかが問題となる．メキシコの砂漠における点滴灌漑栽培の例で指摘したように，このシステムを受け入れるためには農家にある程度の経済的余裕と技術的能力が必要となる．

つまり，技術を導入したくても，それができるかどうかが次に問題となる．それに比べるとサヘルの森の試みは小規模で，成果があがるのに時間がかかるが，現場がその気になれば受け入れやすいものである．

このようなことを考えると，実行できれば非常に効果がある技術であっても，設備備品が高かったり，高い技術を必要とする技術やシステムは，とくに途上国の現場には入りにくいということである．

アフリカでJICA専門委員の経験のある関谷信人（現在，三重大学准教授）の話によれば，アフリカの稲作を改善する場合，水田を平らにしてきちんと畔を作るだけで，かなり収量はあがるという．そういうこともできていない現地にハイテク技術を導入することは現実的ではない．

また，栽培技術に比較すれば新しい品種を導入することは容易なので，育種の実効性は高いと考えられる．しかし，品種のパフォーマンスを発揮させるには，そのための栽培技術が伴わなければならない．また，別の問題になるが，ハイブリッド品種の場合のように遺伝資源を多国籍企業に握られると作物栽培全体を支配されてしまう危険性もある．

したがってハイテク技術の開発も必要ではあるが，それが唯一の解決策ではないということは，頭においておかなければならない．どういう方法が優れているかは，現場の条件とのマッチングで決まるのである．手札は多い方がよいことに

間違いはないが，どれを選ぶかが勝負ということである．もちろん，ハイテク技術が悪いとか，ローテク技術こそが本質である，ということをいっているわけではない．

　本章の最後に，適正技術に関する問題提起をしておきたい．田中直によれば，適正技術というのはエルンスト・フリードリヒ・シューマッハーが提唱した「中間技術」に先駆的な考え方が見られるとし，これまでは開発の文脈や近代科学技術批判の文脈で語られてきている[4]．適正技術がどういうもので，どういう観点で議論されるものであるかは明確でなく，代替社会との関係もあることを示した．ここでいう代替社会は，本章の最初に示した持続的社会と読み替えることができるであろう．それを実現するための技術開発を考える場合，それを受け入れる側の社会・経済・文化的な条件を考慮しなければ現実的な意味がないことを，忘れてはならない．

〔森田茂紀〕

文　　献

1) 森田茂紀・豊田正範（1998）：日本作物学会紀事，**67**：353-357．
2) 日本学術会議農学委員会・食料科学委員会合同 農学分野の参照基準検討分科会（2015）：大学教育の分野別質保証のための教育課程編成上の参照基準農学分野，日本学術会議．
3) 高見邦雄（2003）：ぼくらの村にアンズが実った―中国・植林活動の10年―，日本経済新聞社．
4) 田中　直（2015）：適正技術と代替社会―インドネシアでの実践から―，岩波書店．
5) 東京農業大学「現代農学概論」編集委員会編（2018）：現代農学概論―農のこころで社会をデザインする―，朝倉書店．
6) 渡部忠世（1987）：アジア稲作文化への旅，日本放送協会出版会．

第3章　デザイン農学と教育

❖ 3-1　生き抜くための教育

　科学技術の進歩や経済活動のグローバル化に伴い，人間の活動は地球の本来もつ環境の復元能力を超えた環境汚染や資源利用を繰り返し，私たちは現在，生物多様性の消失や資源の枯渇等の地球規模の問題に直面している．農学においても，食料問題，環境問題，資源・エネルギー問題によるトリレンマを解決していくことが求められている．私たちは，そのための農学を，従来の農学を包括しながらより広い範囲を対象とした「農学2.0」と捉え，それを学び，現実の課題解決に取り組んでいく人材を育成することを目指している．

　では，そのために必要な教育は，どのようなものであろうか？　近年，ユネスコ（国連教育科学文化機関）の掲げる「我々の世界を変革する―持続可能な開発のための2030アジェンダ―」（2015）をはじめ，OECDの提唱する「Education 2030 project」（2015）等，子どもたちを未来の社会構成員として捉える動きが活発である．グローバル化，未曾有の自然災害や環境問題の発生，AI（人工知能）の普及等によってもたらされる急激で予測不可能な社会変化の中で，子どもたちが自分の価値観を社会に反映させながら生きていくためにはどのような力が求められるのか，そのためにはどのような教育が必要なのかが，世界各国で議論され始めているのである．

　そこで本章では，これからの社会に対応するために必要な力とは何か，その力を育むための方法や課題にはどのようなものがあるのかを，子どもを対象とした教育に焦点を当てて概説し，デザイン農学を学ぶ上で必要とされる学びの視点について考えていきたい．

❖ 3-2 生き抜くための能力

a. 非認知能力の重要性

OECD は 2000 年以降，世界各国の子どもたちを対象に，義務教育が終了する年齢時（15 歳）において PISA（Programme for International Student Assessment：生徒の学習到達度調査）と呼ばれる調査を実施している．

PISA は，生徒が学校教育等で身につけてきた知識や技能を，実生活で直面する様々な問題に対してどの程度活用できるのかを測定するための調査である．その力を，読解力，数学的リテラシー，科学的リテラシーの 3 分野（図 3.1）から評価している．

しかし近年になり，健康で豊かな暮らしを送るためには，PISA の 3 分野調査を含め，IQ や学力テストとして計測される認知能力（いわゆる学力）を高めるだけでは不十分である，という認識が広がっている．

たとえば，デイビッド・マクレランドは，成人が社会において成功するには，

科学リテラシー

思慮深い市民として，科学的な考え方を持ち，科学に関連する諸問題に関与する能力のことであり，科学的リテラシーを身につけた人は，科学やテクノロジーに関する筋の通った議論に自ら進んで携わり，それには以下の能力を必要とする．
- 現象を科学的に説明する
- 科学的探求を評価し計画する
- データと証拠を科学的に解釈する

読解力

自らの目標を達成し，自らの知識と可能性を発達させ，社会に参加するために，書かれたテキストを理解し，利用し，熟考し，これに取り組むこと。

数学的リテラシー

様々な文脈の中で数学的に定型化し，数学を活用し，解釈する個人の能力である．それには，数学的に推論することや，数学的な概念・手順・事実・ツールを使って事象を記述し，説明し，予測することを含む．この能力は，個人が現実的なせかいにおいて数学が果たす役割を認識したり，建設的で積極的，思慮深い市民に求められる，十分な根拠に基づく判断や意思決定をしたりする助けとなる．

図 3.1 PISA で評価する 3 つの能力
文部科学省（2015）PISA 調査 2015．をもとに著者作成．

必ずしも学校での成績や学歴（高校卒業の資格）が要因となる訳ではなく，感情や意欲をコントロールする力や対人関係能力，肯定的な自己概念や信頼感といった，その人の性格の特徴や気質である非認知能力（non-cognitive skills）の方が，より影響することを科学的に示した[8]．

また，ノーベル経済学賞を受賞したジェームズ・ヘックマンは，とりわけ幼児期において非認知能力を育成する重要性を示した．この非認知能力が認知能力を形成していく土台となり，将来の年収や学歴，就業の形態等（労働市場での成果）に大きく影響することを示して注目を集めた[4]．

非認知能力は，感情のコントロールや他者との協力，目標の達成に関する能力であることから，社会情動的スキル（ソフトスキル，性格スキル）とも呼ばれる（図 3.2）．OECDは，子どもが人生において成功を収め，社会進歩に貢献するためには，バランスのとれた認知能力と非認知能力の育成が必要であるとした（図 3.3）．また，これらの能力は子どもたちの well-being に影響を与えるもので，教育によって良い方向に変えることができるとしている[5]．

従来から，非認知能力は測定が難しいと考えられてきたが，近年，社会心理学的な評価手法が発展したため，正確な評価が可能となっている部分もある．その

＊ビッグ・ファイブ：人の性格が外向性・協調性・誠実性・情緒安定性・開放性の5つの要素から構成されるというもの

図 3.2　非認知能力とは？

Gutman, I. M., & Schoon. I. (2013). The impact of non-cognitive skills on outcomes for young people. Endowment Foundation をもとに中室（2015）[12] が作成したものに一部変更を加えて著者が作成.

図 3.3 認知能力と非認知能力のフレームワーク
『社会情動的スキル』OECD 著,無藤・秋田監訳（2018）[5]をもとに著者が作成.

ため,最新の 2015 年の PISA では,生徒の well-being の観点も含めた形で調査および評価が行われている.

b. 非認知能力と幼児教育

(1) 非認知能力を育む時期

結論からいうと,幼児期が非認知能力の獲得に重要な時期である.非認知能力（図 3.2）には様々なものがあり,大人になってからでも鍛えられるものが少なくないが,最も効果的な時期は幼児期から小学校低学年頃とされている.その理由として,「スキルはスキルを生む（現在のスキルの蓄積が将来さらに多くのスキルの獲得を可能にする）」という事実がある[5].

スキルとは,個人の well-being や社会経済的進展に貢献し（生産性）,測定可能で（測定可能性）,環境や投資によって変化させることができる（可鍛性）個々の性質を指し,OECD では認知能力（認知的スキル）と非認知能力（社会情動的スキル）に大別している.

スキルは蓄積する傾向があり,過去に蓄積したスキルのレベルが高い子どもほど,将来的にさらに高いスキルを身につける傾向がある.また,高いスキルを身につけた子どもほど,より学習への投資を受ける可能性が高い[5].さらに,高い非認知能力をもつ子ほど,その後,高い認知能力をもつ可能性が高いのに対して,その逆は成り立たないこともわかっている[5].

したがって，幼児期の早い段階で（とくにスキル不足の子どもに対して）非認知能力を高めるように取り組めば，認知能力・非認知能力のいずれの発達にも長い時間をかけられる．現状では，各国の教育や政策に関する議論において非認知能力は認知能力に比べて過小評価されている．そのため，今後はこれまで重視されてきた認知能力を高める教育に加え，非認知能力を高めることにも注目していく必要がある．

(2) 非認知能力を育むための課題

本節では，非認知能力を育むのに最も適した幼児期に焦点を当てる．近年は，日本の幼児教育でも非認知能力が重要視され始めており，2018年度には幼稚園や保育園等の幼児教育施設における教育指針（幼稚園教育要領や保育所保育指針等）が見直され，非認知能力の育成を意識した内容となった．

日本の場合は，以前より幼児教育の中で心情・意欲・態度を育むことを重視してきた歴史がある．そのため，読み書きや思考力等の知的学習が中心であった欧米の幼児教育と比べると，従来から興味・関心や意欲等の非認知能力が育成できていたと考えられる．

その上で，今後，子どもの非認知能力を伸ばすために克服すべき課題として，次の3点があげられている．すなわち，従来の幼児教育では，①重要な非認知能力の要素である粘り強さや，挑戦する気持ち等の育成が重視されていなかったこと，②認知能力と非認知能力が絡み合うように伸びるという認識が弱かったこと，③粘り強さ等の学びに向かう姿勢に関連した非認知能力が性質や気質と捉えられ，意識的に高めようとはされてこなかったことである[10]．

粘り強さは，GRIT（グリット）＝やり抜く力[2]として，非認知能力の中でも重要視されている能力である．この力を伸ばすためには，努力すれば伸ばすことができると信じる心のもちようが重要であり，それができる子どもほどこの力が高いことが知られている[2]．つまり，子どもを見守る大人は，子どもがそう感じるように意図的な支援を行っていく必要がある．

また，認知能力と非認知能力のサイクル（たとえば，何かに興味や関心をもつ→創意工夫して粘り強く取り組む→力が発揮される→達成感や充実感が高まる→さらに興味をもつ・努力する等）を意識した関わり方や教育を実践することにも取り組んでいかなくてはならない．

非認知能力はもともとその子に備わった性質と捉えられ，教育によって変化させる対象としてはあまり認識されてこなかった．しかし，今後はスキルとして捉

え，保育者が園内の環境づくり等を進めることで，子どもの興味や関心を意図的に高めていくことが期待されている．

❈ 3-3 教育から学びへ

　私たちの暮らす社会は，今後ますます予測不可能な時代を迎えようとしており，デザイン農学はその困難な時代にサステイナビリティ農学，レジリエンス農学，ウェルビーング農学からなる新しい視点で挑もうとしている[16]．これまで見てきた非認知能力を中心とした能力は，何かを学び，それを実社会に活かしていくために必要な基本的なスキルであり，大学生や社会人ともなると自ら意識して努力し，生涯にわたって高めていかなくてはならない．

　デザイン農学を学んで実践していく者は，その努力と並行して，持続可能な開発のための教育（3-4 節参照）等の国際的な教育の流れについて理解し，その中における農学の役割を考え，学び，参画していくことが求められる．そして，多くの人々や社会に対して学んだ情報を発信し，市民（社会）と専門家（科学者やある内容を専門に学び習得した人等）との相互のコミュニケーションによって学び合いながら課題を発見し，解決に向けて取り組んでいなかくてはならないのである．専門家が一方的に市民を教育する時代は終わりを迎えている．

❈ 3-4　ESD とは

　近年，持続可能性あるいはサステイナビリティという言葉を目にする機会がとても増えた．テレビや新聞，そしてスマートフォン向けのニュースアプリなどで頻繁に目にする．この持続可能性という言葉自体は，科学者の間などの研究分野では今から 30 年以上前から使われていたが，一般市民レベルで広く使われる契機となったのは，2015 年の国連持続可能な開発サミットにおいて採択された「持続可能な開発目標（SDGs：Sustainable Development Goals）」である．SDGsは，世界の貧困の撲滅を目指し，持続可能な世界を実現するために，17 のゴールと 169 のターゲットを設定している．

　この SDGs の広がりに伴い，改めて注目されるようになったのが「持続可能な開発のための教育（ESD：Education for Sustainable Development）」である．ESD とは「人類が将来の世代にわたり恵み豊かな生活を確保できるよう，気候変

動，生物多様性の喪失，資源の枯渇，貧困の拡大等，人類の開発活動に起因する現代社会における様々な問題を，各人が自らの問題として主体的に捉え，身近なところから取り組むことで，それらの問題の解決につながる新たな価値観や行動等の変容をもたらし，もって持続可能な社会を実現していくことを目指して行う学習・教育活動」（ESD 国内実施計画の抜粋）を指す．簡潔にいうと「1 人ひとりが世界の人々や将来世代，また環境との関係性の中で生きていることを認識し，行動を変革するための教育」ということである．

現在，世界規模では，将来的に持続困難となりうる事象が次々と巻き起こっている．自然破壊に代表される環境問題をはじめ，食料問題，資源・エネルギー問題，人口問題などなど，キリがない．国連で持続可能性の議論が行われるはるか前から，こうした事態に早くから警鐘を鳴らしたものとしてレイチェル・カーソンの『沈黙の春』(Silent Spring) がある．彼女は，経済性優先の発展はいずれ世界的な危機を引き起こすと訴えていた．そのような中，2002 年の第 57 回国連総会において日本が「持続可能な開発のための教育の 10 年」(2005 ～ 2014) を提案し，それが採択された．この提案の推進機関であるユネスコでは実施計画案を策定し，ユネスコスクールに指定された学校を中心に，世界中で ESD が展開されている．

SDGs では 17 のゴールを設定していることは先に述べたが，その 1 つに教育がある．日本ユネスコ国内委員会では「教育がすべての SDGs の基礎」とし，地球規模の課題が年々深刻化していく厳しい世界に生きている子どもたちに対して，知識を一方的に教え込むだけの教育を続けるのではなく，学校教育での教科や領域を越えた横断的・総合的指導を進めることの重要性を強調している．このことからも，地球環境の持続可能性を考えていくうえで，子どもを中心とした ESD の果たす役割は大きい．

❇ 3-5 家畜の食育と ESD

日本ユネスコ国内委員会では，「ESD は，地球上で起きている様々な問題が，遠い世界で起きていることではなく，自分の生活に関係していることを意識づけることに力点をおくものです．地球規模の持続可能性に関わる問題は，地域社会の問題にもつながっています．だからこそ，身近なところから行動を開始し，学びを実生活や社会の変容へとつなげることが ESD の本質」としている．すなわち，

ESDでは身近な生活から持続可能な社会との関係を問うことに意義があると考えられる．この観点から，人が健康な生活を送るうえで欠かせない最も身近な食べるという行為から持続可能性を考えることが，デザイン農学では期待されている．食べることは命や健康と密接な関わりがあり，食の生産・流通・消費・廃棄，さらには農畜産物を育てる地域の環境とも関連していることの理解につながる[7]．そこで本節では，ESDを食の観点から考察するために，とくに命の教育にもつながる家畜を用いた教育を取り上げる．

a. 家畜に関する食育活動

私たちの日々の暮らしは，様々な動物，とくに家畜の恩恵を受けて成り立っている．家畜の利用は畜産食品（乳・肉・卵）に始まり，生活資材（毛・皮・羽毛）や医学実験，愛玩，鑑賞，神事への利用まで多種多様である．しかし，私たちが日常生活において商品を購入したり消費したりして家畜の恩恵を受ける際，その家畜についてどれほど意識しているだろうか．戦後の日本では，乳製品を中心とした畜産食品の消費量が急速に増加した一方で，都市部を中心に家畜は姿を消し，近年では家畜を間近で見ることが「急速に失われている自然体験」の1つとして報告されている[14]．

2005年に制定された食育基本法では，食育を子どもたちの生きる力を育む基盤として位置づけている．第3条では，食が自然の恩恵の上に成り立っており，食に関わる人々の活動によって支えられていることに対して感謝の念と理解が深まるように配慮することが求められている．また，第6条では国民がありとあらゆる場所，機会を利用して食料の生産から消費に至るまでの食に関する様々な体験活動を行うなどして食に対する理解を深めなければならないと記されている．これを受けて，多くの学校などで様々な食育活動が展開されているが，その内容は食の重要性や栄養バランス，食事のマナー，食習慣などに関するものが中心であり，食の源である作物や家畜について学ぶ機会は限られている．とくに家畜は教育施設で飼育すること自体が難しいため，近隣に畜産関連施設がないと，実物を直接見せることもできない．また，近隣にある場合でも，子どもたちに食と農に対する深い理解を促すような効果的学習を実践していくには，継続的で発育段階に応じた内容の設定が必要である．

また，核家族化が進んで自然体験の機会が失われていく現代において，多くの子どもたちにとっては人を含めた動物の死自体が身近なものでないことから，食肉や命の教育を題材として扱う際には，子どもたちの心に及ぼす影響について十

分な配慮を求める声もある[15]. 以上のような背景から, 家畜に関する食育活動の実践には, 教育現場と畜産関係者の連携による学びの場の確保と, 対象に応じた教育内容の充実が喫緊の課題となっている.

b. 日本の教育ファーム

(1) 教育ファームとは

教育ファームの起源は第2次世界大戦後のアメリカにあり, 動物との触れあいを通して戦争による子どもたちの心の傷を緩和するために始められた. その活動は, 1970年代以降のヨーロッパにおいて広がりを見せた. 当時のヨーロッパでは農業従事者が減少し, 伝統的な食文化の衰退やファーストフードの普及から食習慣の荒廃が問題となっていたことから, 多くの人びとが自然や農業に親しむことができる場, 生産や環境問題について体験を通して学べる場として徐々に増加していった. 中でも農業大国であるフランスでは現在, 1400以上の教育ファームが存在しており, 活動の質を保証する認可制度も見られる[13].

わが国では, 1990年代に子どもたちの心の教育の重要性が叫ばれるようになり, 厳しい経済状況の中で酪農に対する理解と支援を必要としていた酪農関係者が教育関係者と協力して始めた酪農教育ファームが, 最初の組織的教育ファームといえる. 食育基本法が制定された2005年には農林水産省が, 自然への恩恵に感謝し, 食に関わる人々と活動への理解を深めるため, 市町村, 農林漁業者, 学校等が生産者の指導を受けながら一連の農作業等の体験活動の機会を提供する取組みを教育ファームと定義した. また, 食育を推進するための最新の基本計画である第3次食育推進基本計画では, 国や地方公共団体が教育ファーム等の農林漁業等の活動をより一層促進していくことが求められている[11]. このように, 今後も教育ファームの必要性は増していくものと考えられる.

(2) 酪農教育ファーム

酪農家やその関係者が農場等の資源を活用し, 酪農を通して多くの人の食や命の学びを支援する牧場のことを酪農教育ファームと呼び, 利用者を受け入れる上で必要とされる適切な教育姿勢や, 一定の安全・衛生条件を満たす牧場等を認証する仕組みがとられている. 2018年には287の牧場が認証を受けており, 500名以上のファシリテーターと呼ばれる認証を受けた学習支援者が利用者の学びをサポートしている[1]. 体験内容には, 飼育施設の見学や日常の管理作業(掃除, 餌やり, 搾乳, 健康チェック等), 家畜との触れあい, ミルクの加工体験(バター, アイスクリーム作り), 排せつ物の資源循環システムの見学等があり, 酪農や家畜

への理解を深め，日本の食料生産の現状や環境に配慮した循環型酪農のあり方について解説する例もある．

利用者は教育関係者を中心に想定されているため，同教育ファームのホームページでは教育関係者が利用しやすいように，利用したい形式，学年，地域を選択して申し込むことができる．また，牧場と学校などが事前に教育内容を相談して目的に沿った教育の実践や安全・衛生面の確認，配慮の必要な子どもへの対応を打ち合わせる形式が取られている．体験後には報告書を利用者に提出してもらい，牧場側へのフィードバックと実践事例の共有化が図られており，活動による教育的効果（たとえば，食生活や児童の心に及ぼす影響）についても検証が試みられている．

子ども向けの家畜に関する体験活動は，教育ファーム以外の牧場や動物関連施設等でも提供されているが，教育というよりは集客を目的としたイベントの要素が強く，体験内容も触れあい（触る，餌を与える等）を中心とした一時的なものが多い．また，食育として行われている場合も活動目的の設定と活動の客観的な評価が行われておらず，実践者側の自己満足で終わり，参加者側にも単なる娯楽体験として認識されてしまう可能性が高い．そのため，家畜の体験活動を教育として実践する場合には，適切な目標設定と教育内容の検討，実践後の評価および改善の過程（PDCA サイクル）を意識した取組みが欠かせない（図 3.4）．実践者は実践を振り返って内容の改善を図り，教育の質の保証と向上を図らねばならない．酪農教育ファームは，家畜を介した食育活動におけるその先進的なモデルであるといえよう．

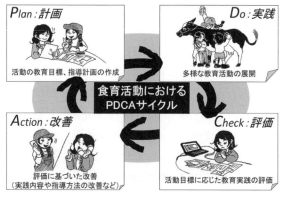

図 3.4　食育活動における PDCA サイクル

c. 家畜の食育と食農デザイン

家畜を通した現在の食育活動では，酪農の理解をねらった教育が中心となっている．しかし，冒頭で述べたとおり，家畜は様々な形で私たちの暮らしに浸透しており，その利用方法によっては地球環境や食料生産，人間と家畜の双方の健康に負の影響を与える場合もある．近年では，今後の食のあり方を持続的な消費（食）および生産（農）の両側面から考えた食農システムのデザイン（食農デザイン）として考える必要性が指摘されている[6]．その必要性を理解し，協力的な消費活動を示す消費者を育てるためには，食材の源となる生産現場を知るだけでは不十分であり，より広い農学分野や異なる分野の知見を融合させた食育活動が必要である．

たとえば，農学における環境教育の視点から考えると，畜産はエネルギー問題（たとえば，エネルギー作物と家畜の飼料との競合）や食品ロスの問題（たとえば，家畜食品副産物の未利用，廃棄された食品の家畜飼料としての再利用）と密接に関わっており，これと関連づけた教育活動の展開も可能である．

非農学分野で考えるならば，家政学における服育活動とのつながりを意識した学習展開も考えられる．服育とは，衣服のもつ役割や機能を健康や安全面，社会とのつながりや環境問題の側面から学び，暮らしの中に活かしていく取組みである．衣服の約8割は再利用されることなく廃棄処分されている事実を踏まえ，衣服の原料となる天然繊維の一例として家畜であるヒツジのウールを利用した一連の体験活動（たとえば，毛刈り，洗毛，糸紡ぎ，フェルト作り）をデザインすれば，家畜を介した食育活動（この場合の食は消費の意味）につながる内容となる（図3.5）．

図 3.5 家畜を介した食育活動の展開（例：ヒツジ）

また，畜産関連施設が教育の場を提供し，消費者とつながることで見えてくる食育テーマもある．動物福祉（animal welfare）はその良い例であろう．動物福祉とは，動物が心身ともに健康で幸福な状態であり，環境と調和していることを指す．最近は多くの人が牧場を訪れることから，動物への配慮という視点から家畜の扱いの現状や，配慮のない環境で育てられた動物からできた食べ物の安全性に対して疑問の声が出始めている．消費者が求める牛乳のイメージを調べた調査では，消費者が強く購入したいと思う牛乳は栄養価や機能性の高いものではなく，快適な飼育管理，環境・自然への配慮，生産工程の認証や国産飼料にこだわったものであったことが報告されており[17]，動物福祉が消費者の関心事となっている様子がうかがえる．

　また，海外では動物福祉を付加価値と捉え，配慮した畜産物を「WQ（welfare quality）ブランド」として販売する動きも見られ，食の選択にも関わるものとなっている．動物福祉は，食の源である生命への感謝という食育の根幹を成す重要なテーマの1つであると同時に，安全で安心な畜産物を生産するために健康な動物を育てる際の視点として必要であり，そのためのコストや手間がかかることについて，食育を通して消費者にも理解してもらう必要がある．

〔森元真理・御手洗洋蔵〕

文　　献

1) 中央酪農会議 酪農教育ファーム HP．
   http://www.dairy.co.jp/edf/index.html［2018年9月21日閲覧］
2) ダックワース，アンジェラ著，神崎朗子訳（2016）：やりぬく力— GRIT —，ダイヤモンド社．
3) ドゥエック，キャロル・S著，今西康子訳（2016）：マインドセット「やればできる！」の研究，草思社．
4) ヘックマン，ジェームズ・J著，大竹文雄解説，古草秀子訳（2015）：幼児教育の経済学，東洋経済新聞社．
5) 経済協力開発機構（OECD）著，無藤　隆・秋田喜代美監訳（2018）：社会的情動スキル—学びに向かう力—，明石書店．
6) 小林　光・豊貞佳奈子（2016）：地球とつながる暮らしのデザイン，pp.133-139，木楽舎．
7) 小金澤孝昭（2014）：「お米」を活用したESD（宮城教育大学ESD/RCE推進委員会編著），pp.53-54，クリエイツかもがわ．
8) McClelland, D.（1973）：*American Psychologist*, **28**：1-14．
9) 文部科学省（2015）：PISA調査．
   http://www.nier.go.jp/kokusai/pisa/pdf/2015/07_pamph.pdf［2018年9月30日閲覧］
10) 無藤　隆（2016）：実践事例から学ぶ保育内容 社会的スキルを育む「保育内容 人間関係」

―乳幼児期から小学校へつなぐ非認知能力とは―，pp.1-11，北大路書房.
11) 内閣府（2017）：第3次食育推進基本計画.
　　http://warp.da.ndl.go.jp/info:ndljp/pid/9929094/www8.cao.go.jp/syokuiku/about/plan/pdf/3kihonkeikaku.pdf［2018年9月21日閲覧］
12) 中室牧子（2015）：学力の経済学，p.87，ディスカヴァートゥエンティワン．（図3.2）
13) 大島順子・井上和衛（2008）：フランスの教育ファームに学ぶ―その理念と活動―，農山漁村交流活性化機構．
14) 高橋多美子・高橋敏之（2009）：*Journal of Research in Science Education*, **50**（2）：89-97.
15) 谷田　創・木場有紀（2014）：保育者と教師のための動物介在教育入門，岩波書店．
16) 東京農業大学「現代農学概論」編集委員会編（2018）：現代農学概論―農の心で社会をデザインする―，pp.5-11，朝倉書店．
17) 栂村恭子他（2008）：日本草地学会誌，**54**：92-93.

〈第2部　生物機能のデザイン〉

第4章　生物に学ぶものづくり

❖ 4-1　生物の利用から，生物に学ぶへ

a. 生物機能の利用

　生物自体や生物が作る素材を利用する技術は，実は古くから利用されている．たとえば，近年発酵食品が注目されているが，発酵を利用することには長い歴史がある．たとえば，発酵パンの歴史は今から6000年以上前に遡る．

　また，日本の縄文時代には，縄文土器を使用して山ブドウからワインが作られていたと推測されている．この時代にはアワやヒエ，クリ，クルミなどを原料に酒も生産されている．また，長野県井戸尻遺跡や青森県の風張遺跡，三内丸山遺跡では酒づくりに用いられたと見られる穀類の塊が発見されている．

　これらは，唾液中の消化酵素によってデンプンをブドウ糖に分解し，空気中の酵母によってアルコール発酵させることを利用した酒づくりである．このような微生物の機能を利用した発酵が，古く縄文時代から始まっていることは驚くべきことである．

b. 生物機能の模倣

　一方，生物に学ぶという科学技術として，近年とくに注目されているものにバイオミミクリー（生物模倣）がある．たとえば，レオナルド・ダ・ヴィンチが鳥の飛翔に学んで飛行機器の設計をしたことは有名である．海綿を模倣した洗浄スポンジ，カワセミの嘴を真似た新幹線の形状，植物の種子をヒントにしたマジックテープ，アホウドリの羽の形状に学んだエアコンの室外機ファン等，私たちの身の回りには多くのミミクリー製品が溢れている．

　バイオミメティクスは1950年代にオットー・シュミットが，また，生態系や作り方までをも模倣するバイオミミクリーは1997年ジャニン・ベニュスが提唱したものである．両者はよく似たもので，今世紀になって世界的に関心が高まり，今

日に至っている．生物に学ぶバイオミミクリーやバイオミメティクスに関しては，シリーズ〈農学リテラシー〉の『現代農学概論』で詳しく紹介したので，そちらを参考にしていただければ幸いである．作り方のイノベーション（同書の第1章参照）の典型ともいえるバイオミミクリーは，経済効果の高い技術として今後も注目されることは間違いないだろう．

一方，現代の科学技術をもってしても，模倣できるものと，できないものとがあることも認識しておかなければならない．街角で「血液は人工で作れません」という献血車のアナウンスを聞いたことがあると思う．人工血液（機能的に血液に相当するもの）は，今後もできないと考えられる．

c. 利用や模倣を超えて

生物に学ぶものづくりは，モノだけを対象としているわけではない．町づくりや地域づくり，さらには人づくりにも考え方として応用されている．一例として，アポトーシスに学ぶ町づくりについて見てみよう．

アポトーシスとはプログラムされた細胞死のことで，生物の発生や成長過程において細胞が消失していく現象である．たとえば，私たちの手は手のひらができてから，指が突出して形成されるわけではない．まず，うちわ型の手の原型ができ，そこから5本の指の骨に沿って，うちわ型の手の水かき部分がアポトーシスによって周辺側から消失し，その結果として手が形成されていく（図4.1）．

日本はすでに人口減少社会に突入しており，百年後には現在の半分以下にまで減少するといわれている．人口減少社会における町づくりは大きな課題であるが，アポトーシス機能を取り入れた考え方が提案されている．

日本でもすでにコンパクトシティ化が注目されているが，これは単に町を小さくすればよいという単純な話ではない．町全体を，骨に当たる重要な地域（ネットワーク部分）と，手の水かき部分に相当する静かな撤退が可能な地域とに分け

(a) うちわ型の手の原型　　(b) アポトーシスにより　　(c) 完成された手
　　　　　　　　　　　　　　　指の形成が開始

図4.1　アポトーシスによる手のでき方

るという考え方がある．このフィンガープランと呼ばれるアイデアは，これから
コンパクトな町づくりを進めるに当たり，重要な示唆を与えている．このフィン
ガープランは，すでにデンマークの首都であるコペンハーゲン市と，その周囲を
含む都市圏で実施されている．日本でも，富山県富山市のコンパクトシティが有
名な事例である．

4-2 フォッシルエコノミー

　かつてアメリカはワタを栽培して経済基盤を作り，現在でも世界第3位の生産
量を誇る世界最大の綿輸出国である．イギリスは羊を飼って産業革命を成し遂げ，
日本は蚕を使って産業革命と資本主義を成功させた．このように，かつては生物
や天然の素材を利用して経済を発展させてきた．このような経済をナチュラルエ
コノミーと呼ぶことがある．
　世界遺産に認定された群馬県の富岡製糸場に象徴されるように，シルクはわが
国の産業近代化の原点ともいえる．1859年の横浜開港以来，生糸は日本の主要輸
出品となり，明治期は養蚕・製糸業が近代化の礎をなすものとして推奨され，全
国に広まった．外貨獲得を生糸に依存する時代は，昭和初期まで続いた．横浜開
港から1934年までの75年間，生糸は輸出総額の第1位の座を占める一大産業で
あった．この背景には，良質な糸を生産するための日本の蚕，桑，糸生産への研
究者の大量投資と機械化への経済投資があった．その結果，蚕研究をはじめとし
た，養蚕技術や糸作りに関する日本の研究業績は世界一となった．
　国のあり方を新しくデザインした明治維新から150年になるが，はじめの1世
紀は日本の養蚕技術が発展・成熟した時期，それに続く半世紀近くが衰退期であ
った．この養蚕衰退は，化学繊維の歴史と密接に関係している．古くは1883年，
イギリスのジョセフ・スワンがニトロセルロース繊維を試作したことまで遡る．
この繊維は，当時 artificial silk（人造絹糸）と名づけられた．つまり，シルクの
バイオミメティクスである．1902年にはビスコースレーヨン，1935年にはデュポ
ン社のウォーレス・カローザスがナイロンを発明，翌年には工業生産を開始，そ
の後，次々と様々な化学合成繊維（表4.1）が高分子化学の発展とともに台頭し
てきた．
　化学繊維の原料は石油であるが，これには1859年のエドウイン・ドレークによ
る機械掘り石油採掘の成功が大きく関わっている．これが近代石油産業の始まり

表 4.1 天然繊維と化学繊維

〈植物系天然繊維〉	
コットン（綿）	吸水性に優れ丈夫で熱に強い．肌着下着ハンカチ等多くの衣類小物に使用される．
リネン（麻）	ストローのように繊維中央に穴が開いている形状のため通気性が良い．吸湿性と水分を発散させる性質があり夏の衣類に使用される．肌ざわりはシャリ感がある．
〈動物系天然繊維〉	
ウール（毛）	羊の毛を刈って加工した繊維．繊維が縮れているため，その隙間に熱をため，その熱が保温されることから暖かさを保つ．断熱性も高く冬物の衣類，毛布，マットなどに使用．アルパカ，カシミヤ，アンゴラなどの種類がある．
シルク（絹）	家畜化された蚕の繭から作られた繊維．細く，柔らかく，光沢があり，強度もある．染色性にも優れネクタイやスカーフなどに使用．
〈合成繊維〉	
ポリエステル	世界で最も多く生産される化学繊維で，日本でも繊維生産量の3分の1を占める．使い勝手が良くフリース，スーツ，ワイシャツ等幅広い衣類に使用される．シワになりにくい．型崩れしにくい．丈夫，乾きが早い等の特徴をもつ．吸湿性がなく静電気が起きやすく，汚れると落ちにくい．
ナイロン	化学繊維の中で長い歴史をもっている繊維．薬品，カビ，虫などに強いが日光やガスで変色し，熱に弱い．シルクを模倣したもの．
アクリル	軽さがあり，カビや害虫に強い．発色が良く，弾力性があり，ふんわりとした肌ざわりが特徴．毛玉や静電気が発生しやすい．
ポリウタレン	ゴムのような伸縮性があり，劣化の少ない繊維．この繊維に特殊加工を施し，つやや風合いをもたせたのが合成皮革や合成毛皮である．伸縮性があり丈夫．吸湿性が少なく静電気が発生しやすい．熱にも弱い．
〈再生繊維〉	
キュプラ	銅アンモニアレーヨン，銅シルクとも呼ばれ，綿を取った後の茎の繊維から作った素材．吸湿性があり静電気が起きにくくシルクのような光沢がある．服の裏地やおしゃれ着に使用．商標はベンベルグとして知られる．
レーヨン	木材パルプや竹等の繊維を使った再生素材で，染色性，吸湿性，吸水性に優れるが，水に弱く縮みやすくシワになりやすい．下着やカーテンなどに利用．

となり，ありとあらゆるモノが石油に依存する経済が作られたのである．これをフォッシルエコノミー（化石資源由来経済）と呼んでいる．言い換えれば，20世紀は「石油の世紀」だったのである．今日でも，繊維以外に，ガソリン，プラスチック製品，化粧品など様々なモノが石油から作られているのである．

日本の食の自給率がカロリーベースで39％，生産額ベースで66％であるが，わが国の衣の自給率はどの程度なのかは，あまり注目されていない．

現在，日本に羊は1万5千頭ほど飼育されているが，すべて食用である．これまで毛（ウール）を作ろうとされなかったし，今後もその気配はない．つまり，

毛の自給率は0%である．綿はどうだろうか？　日本にはかつて和綿というものがあったが，明治以降ごく一部の人びとにより残されてはいたものの，質や価格の点で外国産に太刀打ちできず20世紀初頭に絶滅したとされ，1965年頃を境に農林水産統計から綿の項目もなくなっている．つまり，綿の自給率も0%ということになる．

合成繊維はどうだろうか．この主原料は石油である．日本の石油資源は，新潟，秋田，北海道合わせてわずか55万kL（2016年）であり，この量は国内消費量全体の0.13%を占めるに過ぎない．したがって化学合成繊維の自給率もほぼ0%ということになる．

では，日本の経済の礎を作り，文化でもある和装にも使用される絹はどうであろうか？　残念ながら現在使用されている絹の産地はほとんどがブラジルや中国等で，国産の絹は最盛期の1%以下に過ぎない．数年前には0.4%が国内産という時代もあったが，現在はそれよりも低いであろう．

つまり，わが国の衣の自給率は，現状1%にも満たない．衣・食・住・エネルギーの自給率は国の安全保障の観点からもある程度の確保が必要なわけであるが，エネルギー自給率は4〜5%（原子量発電を除く）に過ぎず，衣はそれよりもさらに低いのが日本の現状であるということはほとんど認識されていない．

❖ 4-3　マイクロプラスチック問題

21世紀に入ると，世界的な石油依存型社会が経済崩壊を招くことが指摘されるようになり，近年はすでに脱石油の時代に入ったといってもよい．その理由の1つは石油等の地下資源の埋蔵量の問題で，簡単に使える石油はこのまま使い続けると今世紀半ばには枯渇してしまう．2つ目は，地下資源が生物圏や生態系に与える影響である．そこで，その代替として自然の素材，生物の素材を再生可能資源として見直し，新しい形での利用が提案されている．

また，2018年に入るとマイクロプラスチックと呼ばれる直径5mm以下のゴミが，海のゴミとして世界的に話題になった．ベランダにおいたプランターが割れてしまうように，プラスチックは熱や日光で砕けやすくなる．しかし，プラスチックは流木や海藻等のように微生物の働きで分解され，二酸化炭素や水などに戻ることはない．陸から川そして海へと流れ，小さくなったプラスチックは分解されることなく，海の生物の餌と間違えられて生物に飲み込まれてしまう．海は捨

てられたプラスチックの袋小路，という研究者も少なくない．人間が作り出した石油製品が，このようにして長い間にわたって，地球の環境を汚し続けるのである．

フランス政府は，2016年7月1日から使い捨てプラスチックレジ袋を使用禁止とし，2017年1月1日以降はその適用を拡大し，厚さ50μm未満のすべてのプラスチックレジ袋を使用禁止して，紙や繊維などの再使用可能な素材の袋に代えた．この動きはオーストラリアでも導入され，使い捨てレジ袋に対する禁止や課税などの措置は，イギリス，中国，オランダ，ケニアなど数十か国が導入済みである．マイクロビーズやプラスチックストローも，台湾，シアトル，バンクーバー，インドなどで販売が禁止された．現在，太平洋の中だけでも，アメリカ大陸の面積分のマイクロプラスチックが漂っているらしい．

しかし，最も多いマイクロプラスチックは繊維だといわれている．合成繊維の生産はすでに天然繊維の生産を超えている．フリース等の合成繊維の衣類を洗濯するとマイクロプラスチックが大量に発生することが近年明らかになり，大きな問題となった．

ある実験では，1回の洗濯で1点のフリースから1900本以上のマイクロプラスチックファイバーが放出されるという．また，アクリル，ポリエステル，綿・ポリエステル混合の3種類の家庭用洗濯機実験では，すべての衣類からマイクロファイバーが放出され，中でもアクリルが最も多く，綿・ポリエステルの5倍，ポリエステルの1.5倍のマイクロファイバーが放出されたという．さらに，1枚のフリースジャケットの1回の洗濯で，最大2gのマイクロファイバーが放出されたという報告もある．

このマイクロプラスチックの多くは下水処理場をすり抜け，最終的には川，そして海へと流れ込んでいく．海のマイクロプラスチックのほとんどがこのマイクロファイバーという調査結果もある．

2019年1月にはイギリスの海岸に打ち上げられたイルカやクジラ等の哺乳類の死体を調べた研究報告が発表された．その内容は，すべての個体の消化管からプラスチック片が見つかり，その9割以上がマイクロプラスチックでその84％が化学繊維，残りの16％が容器やペットボトル片であったという．

バイオミミクリーで作られる製品が，こうした石油由来の成分で作られていては，経済は良くても社会，さらに環境に負荷をかけることになり，持続性という観点からも望ましい社会構造，経済構造とはいえない．生物は石油を使わず，炭

素，窒素，酸素等の軽元素を材料に，しかも常温・常圧という工学分野からは考えられないような条件下で，機能性の高い，ナノレベルまできちんとした微細構造，そしてしなやかさをもつ素晴らしい素材を作り上げている．

次に，繊維の1つでもあるシルクやそれを作り上げる養蚕という側面から，その機能性を利用し，生物の素材をフルに活かした新しいモノづくりの事例を紹介する．

❖ 4-4 繭やシルクの機能性

昆虫の繭生成はすでに古生代には見られ，現在も多くの生物が行っている．繭生成といえば普通，蚕（カイコ）という1種のみと思われているが，実際はほとんどのガの仲間が繭を作る．また，チョウの仲間は絹糸を吐いて蛹を固定するために利用している．いずれの場合も，シルクを作る組織は絹糸腺と呼ばれ，唾液腺が変化したものである．蚕は終齢幼虫になると，絹糸腺が発達して体重の約40%にも達する．

コウチュウ目のガムシの仲間は，卵を守るためにエッグコクーン（egg-cocoon）と呼ばれる大きな繭を，腹部の生殖腺の一部が変化した絹糸腺で生成する．お寺の境内などでよく見かけるアリジゴクはウスバカゲロウの幼虫で，彼らは消化管（マルピギー管）の細胞の一部が絹糸腺に変化し，蛹を覆う繭を作る．シロアリモドキ目の昆虫は，木の幹表面の凹凸を利用して家族で生活をしている．その巣の表面には蜘蛛の巣に似た細い糸を前足の先端にある多数の毛の先端から糸を吐き出す．この絹糸腺は，皮膚腺が変化したものらしい．

このように，様々な昆虫が種々の組織を変化させた器官を利用して絹を生成している．他にもバッタ，ハチ，アザミウマ，ノミなど，11目（昆虫は全体で30目）の昆虫で絹作りが知られている．この他にもクモ類，ダニ類，さらに貝類も糸を生成することが知られている．したがって，シルクを作る生き物は10万種を超えるということになる．これら様々な生き物が作り上げる絹はいずれもタンパク質からなるが，そのアミノ酸組成は多様で構造も機能も異なっている．

生き物は，なぜ古生代から現在までシルクを生成しているのであろうか？ そこにはどのような機能性が潜んでいるのだろうか？ この問いに答えるために，最も研究が進んでいる蚕のシルクを利用して，今世紀初頭から機能性研究が盛んになった．

4-4 繭やシルクの機能性

すでに解説したように，シルクはタンパク質である．多くのタンパク質同様，20種類のアミノ酸からなるが，その組成は特徴的である．グリシン，アラニン，セリンの3つのアミノ酸だけで，全体の80%以上を占めているのである．この組成は，私たち体を作っているコラーゲンに近い．このシルクタンパク質の機能特性を長年にわたり調査した結果，以下のような特性が見出されている．

まず，生体親和性（生体によくなじみ，アレルギー反応が起きにくい性質）である．医学の世界では術後の経過がよいということから，かつて絹糸が縫合糸に使用され，現在でも一部では使われている．これは生体親和性が高いことのほか，強度があることも理由である．そこで，シルクタンパク質のパッチテストを実施したところ，ほとんどの人にアレルギー反応が見られなかった．

次に，従来からシルクには菌が発生しにくいといわれていたことから，抗菌性実験が行われた．ゲル化したシルクタンパク質培地で種々の菌を培養し，その生育状況を調査した．その結果，通常の黒カビや赤カビなどの菌は，シルクタンパク質培地では増殖することはなかった．しかし，そのシルクタンパク質培地に乗っていた菌を通常の寒天培地などに戻すと直ちに増殖が見られた．このことから，シルクタンパク質には抗菌活性はないが，静菌作用（または制菌作用）があることがわかった．

また，シルクには紫外線を遮蔽する機能があることも，従来から指摘されていた．そこで，シルクタンパク質の紫外線遮蔽効果について検討が実施された．紫外線は可視光の400 nm（ナノメートル，$1 \text{ nm} = 10^{-9}$ m）以下の波長を示すが，人間の健康や環境の影響の観点から，波長によってUV-A，B，Cに分類される．太陽光の中にはこれらすべてが含まれているが，UV-AとUV-Bはオゾン層を通過し，地表に到達する．一方，UV-Cはオゾン等の物質によってほとんどが吸収されるため，通常は大気を通過することはできない．

UV-Aは波長315〜380 nmの紫外線で，太陽光線由来のもののうち5.6%が大気を通過する．皮膚の真皮層に作用しタンパク質を変性させ，皮膚の弾性を失わせ老化を促進するなどの機能のほか，メラニン色素を酸化させて褐色に変化させるサンターンを起こす．UV-Bは波長280〜315 nmの紫外線で，太陽光由来の0.5%が大気を通過する．表皮層に作用するが，色素細胞がメラニンを生成し防御反応を示す．皮膚や眼に有害で，強い日焼け（サンバーン）や皮膚ガンの原因となる．薄い雲でも80%近くが透過する．

蚕の繭で実験したところ，とくにUV-Bの波長を強くカットすることが明らか

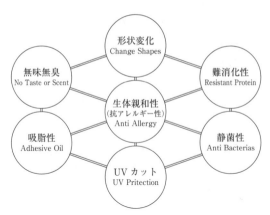

図 4.2 シルクタンパク質の機能性

になった．蚕の繭をつけたものと外したもの（蛹のみ）に UV-B 波を照射した．その結果，繭を外した蛹だけのものはすべての個体にガン化が見られ，正常に羽化したものはなかった．これに対し，繭を付けた蛹はすべて正常な成虫となった．このように蚕のシルクは紫外線，とくに UV-B 波を強く遮蔽していることが確認された．

こうしたシルクの機能特性が解明されてくると，昆虫が古生代から繭を生成し続けてきた理由も理解できる．つまり，蚕が蛹化する際には幼虫の細胞や組織の大半はアポトーシスやヒストライシスなどにより破壊され，成虫の新しい細胞，組織に入れ替わる．このときに蛹の体内は一時期アポトーシスなどで死滅した細胞と新しく生成された細胞などで，組織らしい構造は少なく，体内は一見ドロドロ状になる．つまりこの時期は個体にとって動くことができないだけでなく，非常に無防備で危険な状態を一時過ごすことになる．ここで菌の侵入，UV-B 波等の攻撃を受けることは個体にとって致命的であろう．このときに繭は蛹を覆う重要なシェルターの役割を果たしていることが理解できる．

さらに，温度・湿度管理の役割，脂等の吸着性，さらには繭が鳥などに簡単に捕食されないように難消化性という機能も備えたのだと考えられる．このことは，繭を作る意味が十分伝わると同時に，この機能性を利用した新しいモノづくりが連想できる（図 4.2）．

4-5 新しい機能性ものづくり

ここで注目すべき点は，これらの実験を可能にしたシルクの加工技術の進歩である．シルクタンパク質の基本構造（約 20 nm）を変えずに，水溶液，ゲル，パフなどに形状変化が可能であることが，モノづくりに非常に役立つことになる．

便利な商品としてまず思い浮かぶのは，無味無臭，吸脂性，紫外線遮蔽，生体親和性を利用した美容液である．美容液は健康素材であり，肌に安全・安心な天然素材を用いるべきであるが，現状ではほとんどが石油系成分を利用して作られている．世の中には化学物質アレルギーの方が非常に多い．こうした人びとも使用できる化粧品が，いくつかの企業で作られている．同様の考え方に基づいて，脂肪吸着性や難消化性を利用したサプリメントも開発されている．これらのシルクは，繊維にならなかったくず繭，くず糸から生成される高付加価値製品である．さら不要となったシルク繊維製品は，成形しなおすことによって生分解性プラスチックに変換できる（図 4.3）．

また，桑の葉には，蚕以外の他の動物が食べても血糖値が上がらないデオキシノジリマイシンが含まれていることが知られている．このため，健康食品に用いられているが，近年は人が食べてもきわめておいしい食用桑が開発されており，老舗の和菓子屋「たねや」から，桑の葉パウダーが含まれた和菓子がすでに数種類，発売されている（図 4.3）．

また，養蚕を行うと，大量の桑の枝がゴミとして出る．そこで，桑の小枝の利

図 4.3　素材をフル活用するゼロエミッション型養蚕（第 2 次養蚕業）

用法が開発された．すなわち，桑は和紙の原料となる楮(こうぞ)と同じクワ科に属する植物であることから，枝の皮を使った和紙の作成が可能である．近年，介護施設の人びとにも簡単に作れるような桑枝からの和紙づくりも提案されている．このような施設で作られる和紙は，これまでの伝統的な工芸和紙とは異なり，刃物や直火を使わず比較的安全に作れることができ，工程も短い．できた和紙は伝統的工芸和紙のように繊細なものではないが，非常にアーティスティックなものとなる．また，これまでの和紙と同様に伸縮性に優れ，折り畳みに強いという特徴をもち合わせている．楮の生産量が激減しているわが国では，再び桑の生産が盛んになりつつあることを活かし，和紙の素材としての利用を普及させることも十分に期待できる（図4.3）．

❄ 4-6　未利用シルク（第3のシルク）の活用例

　桑葉を与える従来の養蚕から得られるシルクを第1のシルク，そして完全人工飼料・無菌の昆虫工場由来のシルクを第2のシルクとすれば，これまで利用していなかった蚕以外に由来するシルクは第3のシルクと呼ぶことができる．

　2016年に筆者が大阪の繊維メーカーと共同開発した，洗えるシルク天然機能性繊維エリナチュレはこの第3のシルクを利用したもので，グッドデザイン賞を受賞した．前述したように，シルクを作る生き物は10万種を超えるが，中でもエリサンというガが作るシルク（エリシルク）は，強い紫外線遮蔽能力，抜群の柔らかさと軽さ，アンモニア吸収能などをもつ．これらの優れた特性には，このシルク自体がもつナノサイズの構造が関係している．

　これまで，この機能性が豊かなシルクは繊維としてほとんど利用されてこなかった．それは，繭の一部に成虫が脱出するための大きな穴が空いており，蚕のシルクのように1本の長い繊維にすることができなかったからである．しかし，ウールもコットンも，本来長い繊維ではないものから長い糸を作り上げている．そこで，エリシルクもウールやコットン同様に短繊維として考え，短く均等に切断し，そこから長い糸を作ることにした．また，家庭用洗濯機で洗えるようにするため，1本の糸をコットンベースにエリシルクを25%程度ハイブリッドした．さらに，このシルクを作るエリサンは，キャッサバの葉を食べることからキャッサバの生産とエリシルクの生産を同時並行して実施し，カンボジアにおける新たな産業とした．グッドデザイン賞をもたらした理由の1つは，こうした作り方のイ

ノベーションが1本の糸に含まれていたからと考えている．

　江戸時代は，植物から搾った油は行灯の燃料に，搾りカスは肥料に，またモミを取った後のワラは草履や縄にというように，自然の恵みをカスケード利用する持続的な社会を作りあげていた．また，紙くず，古着，灰までも回収する業者もいて，あらゆるものが上手に利活用されていた．

　ここでは，江戸時代のような生物の素材をフルに活用するモノづくりを現代版にし，日本の文化でもある養蚕を切り口に生物の素材をフルに活用したモノづくりについて述べてきた．大切なことは，養蚕には豊富な基礎研究の蓄積があり，それを基づいてさらに研究を深め，経済・社会・環境をバックキャスティングして，新しいモノづくりが生まれてきたということである．このほかにも，クラゲを高分子吸収体に見立て，死骸をチップにして山に蒔くことにより，水の吸収が向上し森林が早く形成される事例などユニークなものがたくさんある．

　こうした生物素材を改めて研究し，新しい使い方のイノベーションを起こす事例は，これからもたくさん生まれてくる可能性が非常に高い．私たちが目指す科学技術は，これからも進化し続けていく．　　　　　　　　　　　　　〔長島孝行〕

文　献

1) 赤池　学（2014）：生物に学ぶイノベーション，NHK出版．
2) 石田秀輝（2009）：自然に学ぶ粋なテクノロジー，化学同人．
3) 小林　光・豊貞佳奈子編（2016）：地球とつながる暮らしのデザイン，木楽舎．
4) 長島孝行（2007）：蚊が脳梗塞を治す！，講談社．
5) 谷口　守（2018）：生き物から学ぶまちづくり，コロナ社．
6) 東京農業大学「現代農学概論」編集委員会編（2018）：現代農学概論―農の心で社会をデザインする―，朝倉書店．

第5章　生物の嗅覚センサーとロボットの融合

　地球上には，200万種を超える多様な生物が生息している．これらの生物は進化の過程において，それぞれの生息環境に適応するための構造と機能を獲得してきた．近年のゲノム情報の解析やゲノム編集などのバイオテクノロジー分野における技術革新により，これまで利用の対象とできなかった生物のもつ潜在的な機能を引き出すことが可能となりつつあり，遺伝子レベルで生物機能が高度にデザインされ，機能の発現が制御された細胞や生物の作出が可能となってきた．それに伴い，生物のもつ優れた機能をより幅広く，より積極的に産業に利用するための技術開発が進められている．このような生物機能を利活用した経済活動はバイオエコノミーと呼ばれ，欧米を中心に日本を含む世界各国で関連政策が打ち出されている．

　バイオエコノミー戦略と並行して，ソサエティー5.0やインダストリー4.0といった超スマート社会に向けた新しい社会システムのデザインの構築に向けた技術開発が推進されている．これらのシステムの根幹にあるのは，IoT（internet of things：モノのインターネット）とAIによるスマートファクトリー，スマート化であるため，一見，生物の機能とは無関係に思える．

　しかし，スマート化の実現のために，環境中の多様な情報を高感度・高精度で取得できるセンサーの高機能化が課題の1つとなっている．そして，この課題を解決するために，既存の人工的なセンサーの性能をはるかにしのぐ生物のセンサー機能の利用が注目されている．とくに化学センサーの一種である匂いのセンサーは原理的に開発が難しいが，高性能な生物の嗅覚を利用したバイオセンサーの開発と実用化が期待されている．

　本章では，センサーの中でもとくに生物機能の利用が進められている嗅覚について，生体や生体分子を利用したバイオセンサーの開発の現状について解説する．さらに，これらの生物を利用したバイオセンサーのロボットへの適用例についても紹介する．

❖ 5-1　生物センサーと人工センサー

　センサーとは，自然環境や人工物に起こる様々な物理的化学的な変化を，生物が読み取りやすい信号に変換する装置のことをいう．私たち人間は，いわゆる五感（視覚，聴覚，触覚，味覚，嗅覚）を使って，環境情報を取得しており，それぞれの感覚に対応するセンサーによって情報を取得している．生物がもつこのようなセンサーには，生息環境や生活スタイルによって種ごとに独自に進化してきたものが多くある．たとえば，昆虫は人の視覚では見ることのできない紫外線を検出でき，コウモリのように人の聴覚の範囲外である超音波へのセンサーを備えた生物もいる．また，生物のセンサーは外界の情報を取得するだけでなく，体内の様々な生理状態をモニターするためにも使われている．

　人工的なセンサーはもともと人間の感覚を代替し，かつ環境の情報を数値化し，客観化するために発達してきた．一方，生物は進化の過程で，既存の人工的なセンサーの機能を大きく超えるセンサーを発達させている場合も少なくない．そのため，バイオミミクリーやバイオユースという生物の機能に学んだり，生物の素材や生体を利用した機能利用の分野において，生物のもつセンサー機能の利用は重要な対象の1つとなっている．

❖ 5-2　人工嗅覚センサーの開発

　人間の五感の中で，視覚や聴覚や触覚は，それぞれ光，音，圧力といった物理量を計測するので物理センサーと呼び，味覚と嗅覚は味と匂いという化学物質による刺激を計測するので化学センサーといっている．物理センサーは，単一の物理量を計測できればよいので，比較的容易に製作できる．たとえば，視覚に対しては照度計やCCDカメラが，聴覚に対してはマイクロフォンや騒音計，触覚に対してはタッチパネルなどが開発されてきた．その結果，人間のセンサーをはるかに上回る機能をもつセンサーが製作され実用化されている．その一方で，化学センサーは，構造や特性の異なる複数の化学物質を対象とするため，センサーの開発が難しく，とくにきわめて多様な化学物質の分子認識を必要とする生物の嗅覚に代わるセンサーは，いまだに機能的に十分といえるものが開発されていない．

　視覚と聴覚情報を主な情報源とする人間では，匂いのもたらす嗅覚情報は日常

生活であまり重視されてこなかった．その一方で近年，匂いのもつ情報の重要性や有用性が注目されており，私たちの生活の安全・安心や快適さの向上，危機安全管理の観点から，ごく微量の匂い物質をリアルタイムに検出する技術に対する社会的ニーズが高まっている．これらのニーズには，匂いを手掛かりにした被災地での救助活動，空港での麻薬などの検査，爆発物や地雷の検知，さらにはガンなどの疾病に関連した匂いを利用した早期診断なども含まれ，匂いセンサーの幅広い活用が期待されている．

当然ながら，このような多様なニーズに応えるために，工学的技術に基づいた匂いセンサーの開発が進められており，一部は実用化されている．しかし，これらのセンサーは，感度や選択性がまだ十分でなく，匂い分子が吸着するセンサー部分に利用できる素材の物質特性のため検出できる匂い物質が限定されるとか，検出に長い時間を要するといった課題がある．一方で，生物の嗅覚は高感度・高選択性・リアルタイム性を備えており，かつ非常に多様な匂い物質を認識することができる．このような生物のもつ高性能な匂い検出能力を利用したセンサーの開発が進められつつある．

❇ 5-3 匂い物質と嗅覚受容体の組合せ

本節では，生物の嗅覚を利用したセンサー開発について見ていくための準備として，生物が匂いを感じる仕組みについて解説する．生物は，空気中もしくは水中（水生動物の場合）に存在する化学物質の一部を嗅覚器によって受容することで匂いを感じる．生物の嗅覚器によって受容される化学物質は匂い物質と呼ばれ，40万種類以上存在すると考えられている．

人間を含む哺乳類の嗅覚器は鼻であり，鼻腔内に嗅上皮と呼ばれる匂い物質を受容する部位がある．嗅上皮では，匂い物質を受容する嗅覚受容細胞がシート状に並んでいる．昆虫では，主に触角が嗅覚器として働く．触角には嗅感覚子と呼ばれる多数の突起状構造があり，その中に嗅覚受容細胞が入っている．哺乳類および昆虫のいずれにおいても，嗅覚受容細胞の細胞膜上には匂い物質と結合して，その情報を細胞内に伝達する嗅覚受容体と呼ばれるタンパク質が存在し，生物の匂いセンサーの検出部（センサー素子）として働いている（図5.1）．嗅覚受容体と匂い物質が結合すると，嗅覚受容細胞で電気的信号が発生し，この信号が脳へ伝えられることで匂いの感覚が生じる．

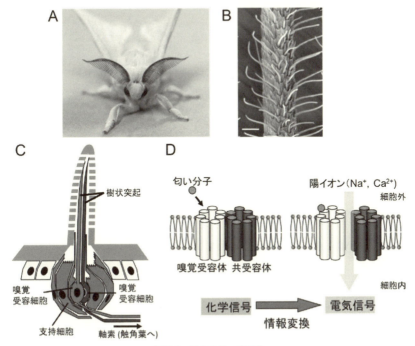

図5.1 昆虫の匂い受容系
A：オスのカイコガの正面写真．昆虫は頭部に付属する一対の触角で匂い物質を検出する．B：触角の走査型電子顕微鏡写真．触角上には多数の嗅感覚子がある．C：嗅感覚子の模式図．感覚子内には嗅覚受容細胞がある．受容細胞の樹状突起膜で匂い物質は検出される．D：嗅覚受容体による匂い物質の検出．昆虫では樹状突起膜上で，嗅覚受容体と共受容体が複合体を形成して匂いセンサーの検出部としてはたらく．匂い物質が嗅覚受容体に結合すると，複合体の形が変化し，細胞外から細胞内に陽イオンが流入する．これにより匂い物質という化学情報が電気情報に変換され脳へと伝達される．

嗅覚受容体は，生物種ごとに複数ある．たとえば人間には約400種類，モデル昆虫として研究が進んでいるキイロショウジョウバエでは62種類の嗅覚受容体があり，これらが環境中の匂いを検出している．嗅覚受容体には，ジェネラリストタイプと呼ばれる複数の匂い物質を受容するものと，スペシャリストタイプと呼ばれる選択性が高く単一の匂い物質だけを受容するものとがある．ジェネラリストタイプの場合では，1種類の嗅覚受容体は複数の匂い物質を受容し，1種類の匂い物質は複数の嗅覚受容体によって受容される．そのため，特定の嗅覚受容体と匂い物質が一対一で対応づけられる訳ではなく，匂い物質の情報は活動した嗅覚受容体の種類の組合せによって表現される（図5.2）．このような組合せ論的な識

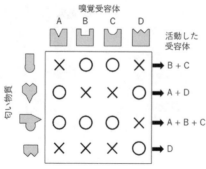

図 5.2 嗅覚受容体の組合せによる匂い物質の識別のメカニズム（Kanzaki *et al.*, 2016[6]）を改変）
匂い物質は複数の嗅覚受容体によって受容される．その組合せにより匂い物質が識別される．

別機構により，人間では 400 種類の嗅覚受容体で 1 万種類を超える匂い物質を識別することができると予測されている．一方で，スペシャリストタイプでは，嗅覚受容体と匂い物質が一対一で対応づけられるため，単一の嗅覚受容体の活動により匂い物質を特定することができる．スペシャリストタイプの嗅覚受容体が存在しているのは，多数の匂い物質が存在する環境から，その生物が生きていくために必要不可欠な匂い物質だけを選択的に検出するために嗅覚受容体が進化してきた結果と考えられる．このようなきわめて高い選択性をもつスペシャリストタイプの嗅覚受容体は，昆虫で多く報告されている．

5-4 生物を利用した嗅覚バイオセンサー

センサーの中でも，生体の分子認識機能を利用した化学センサーのことをバイオセンサーと呼んでいる．すでに見たように，生物の匂いセンサー素子は，嗅覚受容細胞の細胞膜上に埋め込まれている嗅覚受容体である．バイオセンサーの特徴は，化学物質と特異的に反応する生体分子を利用して，検出対象とする物質を検出する点にある．そのため，検出対象とする匂い物質に反応を示す嗅覚受容体を遺伝子工学的手法により酵母や培養細胞や人工脂質膜上で発現させることにより，対象の匂い物質のセンサーとして利用できる．また，検出したい匂い物質に反応する嗅覚受容体をもつ生物の個体や嗅覚器を検出素子として利用することもできる．

a. 生物個体の利用

(1) イ ヌ

生物の嗅覚機能を利用した匂いセンサーとして最も利用されているものは，イヌといっても差支えがないだろう．様々な物質から放出される匂いを学習する訓練を行うことで，多様な匂いをリアルタイムに高感度で検出し，匂い源を探知することができる．警察犬，麻薬犬，災害救助犬など，よく知られている使役犬に加えて，最近では空港の検疫所で肉や果実の匂いを検出する検疫犬が配備されたり，ガン患者の呼気の匂いを選択的に識別するガン探知犬の可能性が示されるなど，その応用範囲は広い．

一方で，使役犬の飼育・訓練には費用と時間がかかるし，連続して稼働可能な時間が限定されるとか，匂いの発生源の探知にパートナーとなる人（ハンドラー）が付き添う必要があるなどの課題もある．したがって，これらの課題を解決できる匂いセンサーの開発も強く期待されている．

(2) センチュウ

センチュウ（*Caenorhabditis elegans*）の個体の嗅覚機能をガンの簡便な検出に利用する試みが進められている．センチュウにシャーレ上に滴下したガン患者の尿と健常者の尿を選択させると，健常者の尿は避け，ガン患者の尿に寄っていくという走性を示す（図5.3）．一方，嗅覚受容細胞の機能を欠失させたセンチュウでは，ガン患者の尿への走性が認められないことから，ガン患者の尿に含まれる匂い物質を嗅ぎ分けていると考えられる．尿一滴で早期のガンを高感度に検出できる可能性があり，今後，実用化が期待されている．

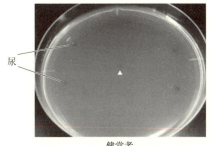
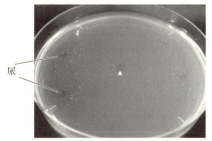

健常者　　　　　　　　　　　　　　ガン患者

図 5.3 センチュウのガン患者の尿への走性（Hirotsu *et al*., 2015[2)]を改変）
センチュウはガン患者の尿に寄っていくが（右），健常者の尿に対してはそのような走性を示さない（左）．シャーレ上の白い点の1つひとつがセンチュウの個体である．

(3) ミツバチ

ミツバチ（*Apis melifera*）の匂い学習能力を応用した匂いセンサーの利用も検討されている．ミツバチは触角や前脚に砂糖水を接触させると，口吻を伸展させる吻伸展反射を起こす．このとき砂糖水を与える直前に，触角を匂い物質で刺激することを数回行うと，砂糖水と匂いの間で連合学習が成立し，学習した匂い刺激だけで吻伸展反射を起こすようになる．この方法を利用して，吻伸展反射を指標として爆発物に含まれる匂い物質を高感度に検出できることが報告されている．

(4) カイコガ

シルクの生産者として有名なカイコ（*Bombyx mori*）の成虫であるカイコガのオスの高感度な嗅覚を，匂いセンサーとして利用する研究も進められている．オスのカイコガは，メスの放出する性フェロモンであるボンビコールをきわめて鋭敏かつ特異的に検出し，フェロモンの発信源であるメスを見つけ出し，交尾に至る．カイコガのオスの触角には，フェロモン検出に特化した多数の嗅覚受容細胞がある．これらのフェロモン受容細胞ではボンビコールだけに反応する嗅覚受容体が発現しており，この嗅覚受容体とボンビコールが結合することでフェロモンの情報が脳に伝えられ，匂い源を探索する行動が起こる．

遺伝子工学の技術を用いて，検出したい匂い物質に反応する嗅覚受容体をフェ

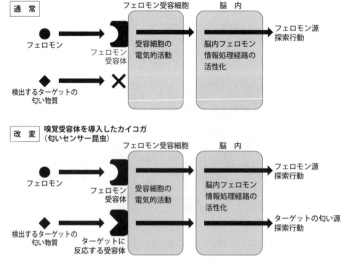

図 5.4 匂いセンサーとしてのカイコガのコンセプト

ロモン受容細胞に導入したカイコガのオスでは，導入した受容体とターゲットの匂い物質の結合によりフェロモン受容細胞で電気的活動が発生し，フェロモンの情報として脳に伝えられる．その結果，カイコガのオスは，検出ターゲットの匂い源をフェロモン源と同じように探知するようになる（図5.4）．この技術を用いて，特定匂い物質を探知する匂いセンサー昆虫の開発が進んでいる．また，カイコガの触角のフェロモン検出能力を利用して，触角を切り取って移動ロボットに実装することでロボットの匂いセンサーとして使われた事例が実際に報告されている．

b. 生体組織・細胞の利用
(1) 昆虫の触角の利用

昆虫の触角を切り取り，先端と基部に電極を設置することで匂いに対する電気反応を比較的容易に検出することができる．触角電図法と呼ばれるこの方法は，昆虫の嗅覚の仕組みを調べるためによく利用される方法であるが，これを利用した匂いセンサーの開発が進められている．

生体の感覚器をそのまま使うため生体と同じように高感度であるが，昆虫はもともと様々な匂いに反応するため，フェロモンのような特殊な匂いを除き，触角の反応から匂い物質を識別することは難しい．これは，触角にある嗅覚受容細胞で様々な匂い物質に反応する嗅覚受容体が機能しているためである．そこで，遺伝子工学の技術を適用することができるカイコガを対象として，触角全体で単一種類の嗅覚受容体だけが機能するように改変した遺伝子組換えカイコガが作出されている．このような遺伝子組換えカイコガの触角をセンサーとして用いることで，触角の応答から匂い物質を特定できる可能性がある．

(2) 嗅覚受容細胞の利用

マウスやラットの鼻腔内にある嗅上皮には，嗅覚受容細胞がシート状に並んでいる．その一部を切り出して薬剤処理を行うと，ばらばらの単一細胞にすることができる．個々の嗅覚受容細胞は様々な匂い物質に反応して電気信号を発生するので，これを計測することで匂いを検出するバイオセンサーの開発が進められている．

c. 嗅覚受容体遺伝子の利用
(1) 酵母の利用

酵母（*Saccharomyces cerevisiae*）は遺伝子操作を簡便に行うことができる真核生物である．哺乳類の嗅覚受容体遺伝子と緑色蛍光タンパク質（GFP）遺伝子を

導入し，嗅覚受容体が匂いと反応をすると蛍光を発するように遺伝的にデザインされた酵母が作出されている．このシステムを利用して，爆発物の成分であるジニトロトルエン（DNT）に反応するマウスの嗅覚受容体を導入することで，DNTセンサー酵母の作出が報告されている．

(2) 培養細胞の利用

培養細胞は，外部から遺伝子を導入して機能させる実験系として使われる．昆虫や哺乳類に由来する培養細胞に嗅覚受容体遺伝子を導入することで，特定の匂い物質への反応性を付与することができる．このとき同時に，匂い反応に伴い細胞内に流入するカルシウムイオンによって蛍光を発するタンパク質遺伝子を導入しておくことで，匂い物質を蛍光の変化により可視化できる匂いセンサー細胞が開発されている．

この技術を発展させ，異なる匂い選択性をもつ嗅覚受容体を導入した細胞を並べることにより，匂い物質を識別するセンサーが開発されている（図5.5）．また，センサー細胞で発生するカルシウムイオンの動きを直接電気デバイスで検出するセンサーシステムも報告されている．また，アフリカツメガエルの卵母細胞は直径が約1mmと大きく扱いやすいことからも，嗅覚受容体遺伝子を導入した匂い

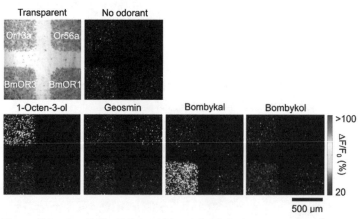

図5.5 異なる匂い物質に反応する昆虫の嗅覚受容体（Or13a, Or56a, BmOR3, BmOR1）を導入した4種類の培養細胞を並べた匂いセンサー（Termtanasombat et al., 2016[13]）を改変）

細胞の反応は色の変化で表現されており，反応が強いほど暖色になる．どの受容体を発現する細胞したかを見ることで，存在する匂い物質がわかる．たとえば，左下の画像ではOr13a導入細胞が反応していることから，この受容体が反応する1-octen-3-olという匂い物質があることがわかる．

センサー細胞の開発に利用されている．

(3) 人工膜の利用

細胞膜を模倣した人工脂質二重膜に嗅覚受容体を組み込むことで，匂いに反応する人工膜を作り出せる．細胞の生理状態による性能のバラツキや，細胞の寿命や栄養の枯渇による細胞死などの課題を解決できる可能性があり，将来的な嗅覚受容体を利用した匂いセンサーの検出部位の主要な方法として研究開発が進められている．ただし，人工膜の強度が弱く安定性が十分でないということや，嗅覚受容体を膜に組み込む効率が低いという課題が残されている．

5-5 生物の嗅覚バイオセンサーとロボットとの融合

a. 生物の匂い源探知

匂いセンサーの開発に加えて，匂いの発信源を効率よく見つけ出すことのできる移動ロボットの開発も工学分野では難題として残されている．この理由は，匂いの分布が発信源から連続的な濃度勾配を示す訳ではなく，空気中の乱流のために不連続分布となり，またその分布は風の動きに伴って時々刻々と変化することに原因がある．そのため，単純に匂いの濃度が高い方へ向かうことでは，普通，匂い源を見つけることはできない．

一方で，生物は自然界における不連続な匂い情報を手掛かりとして，効率的に匂い源にたどりつくことができる．そこで，生物の匂い源探索の仕組みを解明し，その仕組みを利用した匂い源探知ロボットを開発する試みが進められている．

カイコガのオスのフェロモン源探索行動は，生物の匂い源探索行動のモデルとして研究が最も進んでいる事例の１つである．カイコガのオスは触角でフェロモンを検出すると，わずかな直進・ターン・ループから構成される定型的な歩行行動を示す．この行動はフェロモンを嗅ぐたびにリセットされる．フェロモンの発信源に近づくとフェロモンを嗅ぐ頻度が増加し，直進行動が続くことでフェロモン源に到達することができる（図5.6）．このような仕組みを利用して，匂い源探知を可能にするロボットの開発が進められている．

b. 生物センサー利用ロボット

(1) 昆虫操縦型ロボット

昆虫と機械との融合システムとしてカイコガのオス個体がロボットを操縦する，昆虫操縦型ロボットが東京大学の神崎亮平らのグループによって提案されている

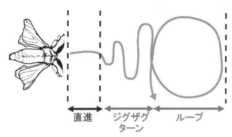

図 5.6 オスのカイコガのフェロモン源探索行動 (Kanzaki, 2007[5]) を改変)
触角でフェロモンを感じるたびに一連の行動がリセットされる．この行動を繰り返すことで匂いの発信源にたどりつく．

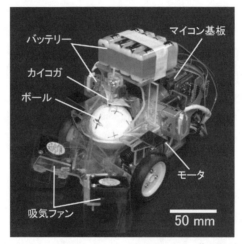

図 5.7 昆虫操縦型ロボット (Ando et al., 2013[1]) を改変)
カイコガのフェロモン発信源を探索する行動をロボットの移動運動に反映することで，匂い源を探索することができる．

(図 5.7)．このシステムでは，背中を固定され宙づりになったオスのカイコガが，空気圧で浮かべられた発泡スチロールのボール上を歩行する．歩行によって起こるボールの回転を光学センサーで読み取り，カイコガの歩行パターンをロボットの動きとして再現することで，カイコガが動いたとおりにロボットを動かすことができる．

このシステムはもともと，昆虫の身体（体と動き）をロボットに代替することで，昆虫の感覚器の機能と脳が有する環境適応性を分析するためのツールとして

図 5.8 カイコガ触角を匂いセンサとして実装した匂い源探索ロボット（Kanzaki, 2007[5] を改変）

開発されたものであるが，遺伝子工学技術により特定の匂いを検出できるように改変したカイコガ（5-4節a項参照）を実装することで，様々な匂い源を探知できるロボットとしての利用可能性がある．

(2) 昆虫触角利用ロボット

(1) のカイコガのオスのフェロモン源探索行動の仕組みを実装した移動ロボットに，フェロモンセンサーとして実際のカイコガオスの触角を搭載することでフェロモン源を見つけ出すことができるロボットが開発されている（図5.8）．このロボットは触角の電気応答を指標としてフェロモン源探索行動のリセットを行うため，5-4節b項で述べた特定の匂いに応答するようにした遺伝子改変したカイコガ触角センサーを実装することで，フェロモン以外の様々な匂い源を探知できるロボットとしての利用が期待される．

(3) 嗅覚受容体利用ロボット

アフリカツメガエル卵母細胞に嗅覚受容体を導入した匂いセンサー細胞（5-4節c項参照）を検出部に用いたセンサーを使用して，特殊な匂い物質に対して選択的に応答するロボットが開発されている．匂い物質の検出には，カイコガのフェロモン受容体を発現した卵母細胞を利用しており，センサーを組み込んだロボットをフェロモンで刺激すると，フェロモン検出により生じた細胞の微弱な電気的応答によりモーターが作動し，ロボットに首振り動作をさせることに成功している（図5.9）．

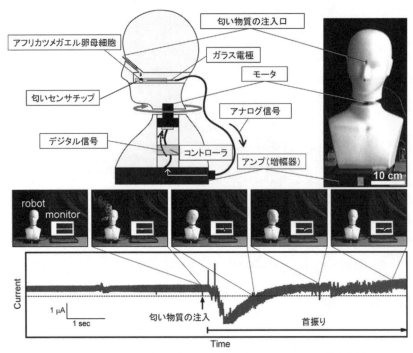

図 5.9 匂いセンサー細胞を搭載したロボット（Misawa *et al.*, 2010[7]）を改変）

マネキンの鼻の部分にフェロモン受容体を導入したセンサー細胞を検出部とする匂いセンサーが搭載されている．フェロモン物質の注入によりセンサー細胞で生じた電流変化の信号は，アンプにより増幅され頸部に取り付けられたモーターを駆動し，マネキンの首振り動作を引き起こす．匂い物質（フェロモン）の注入後に電流値が低下し（下図グラフ），そのタイミングでマネキンが首振り動作をしていることがわかる（下図写真）．

❇ 5-6 バイオセンサーの今後

　本章では，既存の人工センサーと比べて高い性能をもつ生物センサーとして嗅覚機能に着目し，その機能を利用したバイオセンサー開発の現状について紹介した．匂いの情報の利活用は，私たちの生活の質の向上や安全安心な社会デザインのためにきわめて重要な課題となっている．すでに多くの場面で使用されているイヌを除き，本章で紹介したバイオセンサーは，いずれも研究開発段階のものや，実用可能性に向けた試験段階のものである．生物の嗅覚機能を支えている嗅覚受容体タンパク質に匹敵する高性能な匂いセンサーを人工的に作り出すことは，少

なくとも現在は困難である．バイオセンサーの課題として，①生体分子を用いるため活性が変化しやすく寿命が短い点，②生化学的な反応をベースとするため水が必要な点などがあげられるが，これらの課題を解決し嗅覚バイオセンサーの社会実装が進むことが期待される． 〔櫻井健志〕

文　献

1) Ando, N. *et al.*（2013）：*Bioinspiration & Biomimetics*, **8**：016008.
2) Hirotsu, T.（2015）*PLoS ONE*, **10**（3）：e0118699.
3) 軽部征夫編著（2012）：バイオセンサーのはなし，日刊工業新聞社.
4) 神崎亮平（2014）：サイボーグ昆虫，フェロモンを追う，岩波書店.
5) Kanzaki, R.（2007）：*International Congress Series*, **1301**, 7-14.
6) Kanzaki, R. *et al.*（2016）：*Essentials of Machine Olfaction and Taste*（Nakamoto, T. Ed.）, pp.3-48, Wiley.
7) Misawa, N. *et al.*（2010）：*Proceedings of the National Academy of Sciences of the USA*, **107**：15340-15344.
8) 三林浩二監修（2017）：生体ガス計測と高感度ガスセンシング，CMC 出版.
9) 光野秀文他（2015）：昆虫科学読本（日本昆虫科学連合編），pp.259-277，東海大学出版部.
10) 櫻井健志他（2011）：ブレインテクノニュース，**147**：23-29.
11) 櫻井健志他（2017）：アグリバイオ，**1**：641-646.
12) 渋谷達明・市川眞澄編著（2007）：匂いと香りの科学，朝倉書店.
13) Termtanasombat, M. *et al.*（2016）：*Journal of Chemical Ecology*, **42**（7）：716-724.

第6章 資源植物の開発と利用
─新規蜜源植物による養蜂システムのデザイン─

❖ 6-1 日本の蜂蜜生産の現状

　蜂蜜の歴史は人類の歴史といわれるように，人間と蜂蜜の関わりは古代に始まり，古代エジプト，ギリシャ，中国，日本などでは古くから栄養食品，あるいは医薬品などとして珍重されてきた[1]．

　日本における最近の蜂蜜の需給の推移（表6.1）を見ると，蜂蜜の消費量は年間約4～5万t，生産量は約2600～2800tで推移しており，2016年における蜂蜜の国内自給率は5.4％しかなく，同年における輸入蜂蜜の約73％が中国産である．以上のように，蜂蜜の需要は安定しているが，流通している蜂蜜のほとんどは輸入品で，国産はごくわずかしかない．

　国産蜂蜜はほぼすべてが家庭用として消費され，輸入蜂蜜の約55％が家庭用，約45％が業務用・加工用（製菓・製パン・化粧品等）にまわされる[6]．中国産蜂蜜の価格（課税後）は1kg当たり312円であるのに対して，国産蜂蜜の卸売価格は1000～2300円である[6]．このことからも，国内産蜂蜜の需要が高いことがわかる．

表6.1　日本における蜂蜜の生産量，輸入量および消費量の推移（農林水産省生産局畜産部，2017[6]を改変）

区分／年	2010	2011	2012	2013	2014	2015	2016
生産量（t）	2639	2684	2778	2872	2839	2865	2754
輸入量（t）	39950	40584	36823	39030	37870	36222	48445
うち中国（t）	32386	31520	28763	30006	28204	26411	35466
比率（％）	81.1	77.7	78.1	76.9	74.5	72.9	73.2
輸出量（t）	33	215	18	38	29	29	33
消費量（t）	42556	43053	39583	41864	40680	39058	51166
自給率（％）	6.2	6.2	7.0	6.8	7.0	7.3	5.4

6-2 蜜源植物の現状と課題

　日本国内で生産される蜂蜜の約44％がハリエンジュ（別名ニセアカシア）に由来しており[5]，国内蜂蜜生産における蜜源植物として，とくにハリエンジュは重要である．蜜源がある程度限定される蜂蜜は，単花蜂蜜と呼ばれる．ハリエンジュを蜜源植物とした単花蜂蜜はアカシア蜂蜜と呼ばれて人気が高く，ゲンゲ（別名レンゲソウ）を蜜源とした単花蜂蜜（以下，レンゲ蜂蜜）と並んで，日本人に最も好まれる単花蜂蜜である．

　このように，日本の養蜂産業にとってハリエンジュは重要な蜜源植物であるが，2015年には外来生物法に基づいて産業管理外来種に指定され，一部の地域では伐採が進められている．侵略性が高く，わが国の生態系，人の生命・身体，農林水産業に被害を及ぼす，あるいはそのおそれのある外来種を選定した生態系被害防止外来種リストが作られているが，ハリエンジュは適切な管理が必要な外来種として掲載されている．また，蜜源用ゲンゲにおいても，緑肥として水田裏作として利用されていたが，化学肥料の普及により植栽面積が減少している．さらには，アルファルファタコゾウムシによるゲンゲへの加害が養蜂業界において深刻な問題となっている．

　日本における主要な蜜源植物の植栽面積の推移を見ると，いずれの蜜源植物の植栽面積も減少傾向にある（表6.2）．ミツバチが利用できる蜜源植物の種類と数は減少しており，現在ミツバチの増殖を十分に支えきれない状況であり，蜜源植物の植樹と維持によるミツバチの生息環境の整備が必要とされている[3]．持続可能な国産蜂蜜生産を図るためには蜜源植物の確保が必要で，ニセアカシアやゲンゲに代わる良質な蜜源植物の探索が急務である．

表6.2 日本における蜜源植物の栽培面積の推移（単位：1000 ha）（農林水産省生産局畜産部，2017[6]を改変）

区分／年	2010	2011	2012	2013	2014	2015	2016
柑橘類	52.8	52.4	51.3	43.8	39.4	34.9	31.9
ゲンゲ（レンゲソウ）	13.5	11.9	12.8	10.8	8.9	8.8	8.4
ハリエンジュ（ニセアカシア）	7.1	9.3	8.6	7.5	7.9	6.2	5.0
リンゴ	6.3	23.8	23.4	22.1	21.5	21.2	20.6
その他	58.8	65.5	64.9	63.7	64.6	64.1	54.9
合計	138.4	162.9	160.9	148.0	142.3	135.2	120.8

❖ 6-3 新規蜜源植物としてのエキウム・カンディカンス

　本節では，これまで蜜源植物として未利用であったエキウム・カンディカンス（*Echium candicans*）に注目して，新規蜜源植物の開発と利用事例を解説する．

a. エキウム属植物の特徴

　エキウム属はムラサキ科に属し，60 種がマカロネシア（マデイラ諸島などヨーロッパや北アフリカに近接する太平洋の複数の島々），ヨーロッパ，西アジア，アフリカ北部および南部に分布し，そのうち北アフリカ北西部のスペイン領カナリア諸島には 25 種が自生している[8]．

　生育タイプとして，一年生または二年生草本（播種の翌春または播種等年中に開花に至り，開花後は枯死する草本），二年生草本（播種の翌春に開花に至り，開花後は枯死する草本），単幹性二年草（普通，播種後 2 年目に開花に至り，分枝せず，開花後は枯死する一稔生草本），多年生草本（播種の翌春または播種等年中に開花に至り，開花後は枯死せず多年にわたって生育する草本），分枝性木本（普通，播種後 2～3 年で開花に至り，基部から分枝する木本）の 5 タイプに分類できる[8]．

　欧米では観賞価値の高いエキウム属植物がよく知られ，観賞植物として優れているとされる．日本においても，カナリア諸島原産のエキウム・ウィルドプレティー（単幹性二年草タイプ）の観賞価値が注目され，京都府立植物園や東京ディズニーリゾートなどで栽培されている．また，エキウム属の単幹性二年草タイプにおいては，日本で栽培するとニホンミツバチが花蜜や花粉を求めて訪花し，吸蜜行動をとることが認められている[11]．

b. 養蜂における蜜源植物としての評価

　商業的養蜂に用いられるミツバチは主としてセイヨウミツバチである．そこで，セイヨウミツバチの吸蜜行動および吸蜜可能期間と単位面積当たりの花数を調査し，エキウム属植物の養蜂における蜜源植物の可能性を評価した．その結果，訪花・吸蜜行動が多く（表 6.3），吸蜜可能期間，1 株当たりの総花数および単位面積当たりの花数が多い分枝性木本タイプのエキウム・カンディカンス（図 6.1，図 6.2）が蜜源植物として有望であると考えられた[12]．エキウム・カンディカンスについては，これまでセイヨウミツバチの蜜源植物としては報告されておらず，実用化が可能となれば未利用資源植物の有効活用を図ることができる．

表 6.3 吸蜜行動を示したセイヨウミツバチの虫数[*1]（土橋・田中，2012b[12]）を改変）

供試植物名 学名	タイプ	個体数 (n)	虫数／10000 花 （匹） 5月12日[*2]	虫数／10000 花 （匹） 5月17日	虫数／10000 花 （匹） 6月1日
エキウム・カンディカンス *Echium candicans*	分枝性木本	8	7.17 a[*3]	6.30 a	7.70 a
エキウム交雑種 *Echium* hybrid	単幹性二年草	4	1.24 b	0.96 b	4.40 a
エキウム・ルシクム *Echium russicum*	多年生草本	2	4.29 ab	4.80 ab	— [*4]

[*1] 10000 花 5 分間当たり
[*2] いずれも 13:00 ～ 14:00（5 分間ごとに 12 回）に調査．調査期間中の気象条件は，それぞれ，5月12日（曇，平均気温 19.0℃），5月17日（晴，平均気温 27.4℃），6月1日（晴，平均気温 28.8℃）
[*3] 同一列内の異なる文字間で Games-Howell の方法により 5% 水準で差があることを示す．
[*4] エキウム・ルシクムは開花終了のため未測定

図6.1 エキウム・カンディカンス

図6.2 エキウム・カンディカンスに吸蜜するセイヨウミツバチ

c. エキウム・カンディカンスの特徴

　エキウム・カンディカンスは，マデイラ諸島中部の標高 800 ～ 1400 m 付近の渓谷の崖に自生し，自生地においては希少種とされる[7]．高さ 1.5 まれに 2 m になる低木で，全株に剛毛が密に生じ，よく分枝する．花序は長さ 15 ～ 35cm 程度で，密に花をつける．1 株当たりの総花数は，平均約 11 万個であった[12]．兵庫県西宮市の戸外における調査では，4月中下旬には開花に至る．

　耐寒性は強くなく，急激な気温の低下により寒害が生じることがあるため（図6.3），冬期は防寒の必要があると思われる．また，耐暑性も弱く，高温期に株が

図6.3 寒害による被害

枯死することがある．

❖ 6-4 エキウム蜂蜜の評価

栽培面積約 10 〜 15 m^2 においてセイヨウミツバチの巣箱 3 群約 4 万匹を設置し，2010 年，2012 年，2013 年に採蜜量を調査した．その結果，2010 年は 3 回採蜜で 61 kg，2012 年は 5 回採蜜で 101 kg，2013 年は 7 回採蜜で 188.5 kg の蜂蜜が採取でき，1 m^2 当たり 6.1 〜 12.6 kg の採蜜量がある（表6.4）．ニセアカシアの蜜源植物としての採蜜量は，200 〜 1600 kg/ha とされている．エキウム・カンディカンスは 1 ha 当たりで換算すると，6.1 万〜 12.6 万 kg の採蜜量になり，きわめて生産性が高い．単位面積当たりの採蜜量が多い要因として，1 株当たりの総花数が 10 万個を超える[12] ことが考えられる．

エキウム・カンディカンスを蜜源とする蜂蜜（以下，エキウム蜂蜜）の品質は，Brix 糖度 81 〜 82％以上で，明度が高いという特徴がある（表6.5）．供試蜂蜜のフルクトース，グルコース，ツラノース，スクロース，マルトース他（マルトース以外の糖が微量に含まれる）の糖含量を表6.6 に示した．一般的な蜂蜜の組成は，フルクトース 38 〜 45％，グルコース 31 〜 35％，水分 18 〜 20％，マルトース 2 〜 6％，スクロース 1 〜 2％，有機酸・オリゴ糖 1 〜 2％である．組成基準では，フルクトースとグルコースの合計が 60 g/100 g 以上，スクロースが 5 g/100 g 以下となっている．エキウム蜂蜜は，この組成基準を満たしている．

食の専門家（オーナーシェフ，料理研究家，大手食品メーカー研究員，食関係教員）によるエキウム蜂蜜の官能評価では（表6.7），日本人が最も好むアカシア

6-4 エキウム蜂蜜の評価

表6.4 採蜜量の年次推移

年	群数	匹数	採蜜日	採蜜量（kg）	栽培面積（m^2）	$1 m^2$ 当たりの採蜜量（kg/m^2）
2010	3	40000	5月28日 6月12日 6月23日 計	6.0 36.0 19.0 61.0	10.0	6.1
2012	3	40000	5月17日 5月24日 5月29日 6月 6日 6月12日 計	6.8 15.9 29.5 34.3 15.0 101.5	10.0	10.2
2013	4	40000	5月10日 5月17日 5月22日 5月28日 6月 4日 6月 7日 6月13日 計	5.5 37.5 12.3 49.8 69.2 5.9 8.3 188.5	15.0	12.6

表6.5 糖度と明度の年次推移

年	供試採蜜植物	糖度（％）	明度（L^*）
2010	エキウム・カンディカンス アカシア	82.3 78.9	— —
2012	エキウム・カンディカンス アカシア リンゴ	82.3 79.6 78.6	90.96 86.36 86.50
2013	エキウム・カンディカンス エキウム・ブルガレ	81.5 81.6	88.66 72.15

表6.6 供試蜂蜜の各種糖含量（100 g 当たり）（土橋他，2013[9]）を改変）

採蜜植物	フルクトース （g）[*2]	グルコース （g）	ツラノース （g）	スクロース （g）	マルトース他[*1] （g）
エキウム（Lot 1）	36.4 ± 0.33	26.8 ± 0.15	3.5 ± 0.06	1.0 ± 0.18	0.2 ± 0.02
エキウム（Lot 2）	36.7 ± 0.67	27.8 ± 0.61	4.1 ± 0.34	1.4 ± 0.20	0.1 ± 0.04
エキウム（Lot 3）	35.5 ± 0.40	28.9 ± 0.69	4.4 ± 0.23	1.1 ± 0.18	0.2 ± 0.06
アカシア	40.1 ± 0.47	26.3 ± 0.59	3.1 ± 0.20	1.0 ± 0.40	0.3 ± 0.01

[*1] マルトースとともにその他の糖が微量に含まれる．
[*2] 平均±標準誤差（$n=3$）

表6.7 食の専門家によるエキウム蜂蜜の官能評価[*1]（土橋他，2013[9)]を改変）

項目	割合（%）					平均値	有意性[*3]
	5[*2]	4	3	2	1		
柑橘系の香りが強い	12.0	44.0	24.0	12.0	8.0	3.2	*
ハーブ系の香りが強い	52.0	40.0	4.0	0.0	4.0	3.7	**
香りが好ましい	20.8	37.5	16.7	20.8	4.2	3.2	*
色が好ましい	16.7	33.3	45.8	4.2	0.0	3.3	**
甘味が強い	24.0	24.0	16.0	36.0	0.0	3.2	NS
甘味が好ましい	8.0	32.0	36.0	24.0	0.0	3.1	NS
甘味が口に残らない	8.0	32.0	16.0	40.0	4.0	3.0	NS
酸味が強い	4.2	20.8	62.5	8.3	4.2	3.1	NS
食感が好ましい	8.3	20.8	54.2	12.5	4.2	3.1	NS
また食べたい	17.4	26.1	39.1	17.4	0.0	3.2	NS

[*1] アカシア蜂蜜の評価を3とした．
[*2] 5段階評価（5：強くそう思う，4：そう思う，3：アカシア蜂蜜と同等，2：そう思わない，1：強くそう思わない）
[*3] Mann-Whitney のU検定により，**は1%水準，*は5%水準で有意差あり，NSは有意差なしを示す．

蜂蜜と比較して，色と香りに関しては有意に高い評価となった[9)]．

エキウム・カンディカンスの開花始めは西日本の平地では4月中下旬であり，吸蜜可能期間が55.0日であったことから，春から初夏に開花するニセアカシアおよびゲンゲの開花期と重なる．

食品の安全を確保するために，栽培や飼育から加工・製造・流通などの過程を明確にすることをトレーサビリティ（traceability）と定義している．エキウム・カンディカンスを蜜源とした蜂蜜生産の実用化は，トレーサビリティの点でも注目できる技術となりうる．これまでの蜂蜜生産においては，蜜源植物の栽培履歴については未知であり，トレーサビリティについては明らかにすることができなかった．この点，エキウム・カンディカンスを蜜源とした養蜂技術は栽培履歴も明確で，トレーサビリティの点でも他の蜂蜜生産との差別化が可能となる．

以上のように採蜜量，採蜜期間，品質，トレーサビリティにおいて，エキウム・カンディカンスはセイヨウミツバチによる養蜂の蜜源植物としてニセアカシアおよびゲンゲの代替植物となる可能性が高いと考えられる．

✤ 6-5 蜂蜜の機能性と副産物

a. 蜂蜜の機能性

蜂蜜は食用だけでなく，優れた治癒効果の機能性があることから，医療分野でも注目されている（表6.8）．エキウム・ブルガレ（*Echium vulgare*）を蜜源とする蜂蜜には，強い抗酸化活性があることが知られている．エキウム蜂蜜の機能性については明らかにされていないため，今後の研究が期待される．

b. 養蜂における蜂蜜以外の生産物

養蜂において蜂蜜以外の主な生産物としては，蜜ろう（beeswax）とローヤルゼリー（royal jelly）が知られる．

蜜ろうは，ミツバチが作り出す物質の1つであり，ハニカム構造をした巣の原料である．蜜ろうを精製したもの（図6.4）は，化粧品（クリームや口紅），ロウソク，クレヨンなどの原料として利用されている．

表6.8 蜂蜜の治癒効果（松香，2002[4)]に加筆）

抗菌活性	創を感染する可能性のある病原菌を抑制する 不快な臭いをなくす
抗炎症作用	浮腫の消散 痛みの軽減
迅速な治癒の促進	貪食作用[*1]とデブリドマン[*2]を促す 血管新生を刺激する 細胞増殖 コラーゲン合成 表皮再生

[*1] 体内の細胞が不必要なものを取り込み，消化し，分解する作用
[*2] 感染，壊死組織を除去し創（開放性損傷）を清浄化すること

図6.4 エキウム・カンディカンス由来の成型蜜ろう

表6.9 日本における蜂蜜以外の生産物の生産量の推移(単位：kg)(農林水産省生産局畜産部，2017[6])を改変)

区分／年	2010	2011	2012	2013	2014	2015	2016
蜜ろう	31578	30909	25897	33713	26030	21922	23181
ローヤルゼリー	3103	3380	3878	3682	1553	2813	2738

　ローヤルゼリーはミツバチの若い働きバチが体内で合成するもので，乳白色のクリーム状の物質である．女王蜂となる幼虫や，成虫となった女王蜂に給餌される食物とされる．ローヤルゼリーは健康食品や化粧品などに広く利用されている．

　表6.9に日本における蜂蜜以外の生産物(蜜ろう，ローヤルゼリー)の生産量の推移を示した．日本における蜂蜜の生産量の減少に伴って，蜜ろうおよびローヤルゼリーの生産量も減少している．そのため，エキウム・カンディカンスを蜜源とした養蜂から生産された蜜ろうやローヤルゼリーの利用についても期待できる．

6-6　エキウム養蜂システムの展望と課題

a.　6次産業化への展望

　近年注目されている新たな取組みに6次産業化がある．6次産業化では，1次産業としての農林漁業と，2次産業としての製造業，3次産業としての小売業等の事業との総合的かつ一体的な推進を図り，農山漁村の地域資源の活用による新たな付加価値を生み出す．

　エキウム蜂蜜は生産性が高く，品質もよく，トレーサビリティが可能であることから付加価値のある商品開発と販売が可能となり，6次産業化が有望である．さらに，蜂蜜以外の副産物である蜜ろうやローヤルゼリーも利用できる．また，エキウム・カンディカンスの花は観賞価値が高く(図6.1)，観光資源としても有望である．

b.　実用化に向けての課題

　まず，エキウム・カンディカンスの栽培技術の確立があげられる．前述したように，エキウム・カンディカンスは，日本の高温条件・低温条件に適していない．

　防寒と防暑を兼ねて，農業用パイプを躯体とした被覆ハウスに，側面は農業用ポリオレフィン系特殊フィルムを張り，天井部と妻面には被覆ハウス内の遮熱効果がある熱融着遮光ネットを展張した被覆ハウス内において栽培した場合，生育

不良は認められなかった．西日本平地においては，有効な防寒・防暑対策と考えられる．被覆ハウス内に巣箱を設置する例として，オランダイチゴなどの施設栽培において花粉媒介昆虫としての使用が知られるが，使用終了時には巣箱内のセイヨウミツバチ数が半減することが知られる．そこで，被覆ハウス内ではなく，ハウス近くに巣箱を設置したところ，採蜜は可能であった[10]．環境調節可能な閉鎖系大型温室内に巣箱を設置することにより，狭い温室内での放飼が与えるストレス回避とともに，トレーサビリティシステムの確立にもメリットがあると考えられ，今後検討する必要がある．

　残された課題として，エキウム・プランタギネウム（*Echium plantagineum*）およびエキウム・ブルガレ（*Echium vulgare*）においては有毒物質であるピロリジジンアルカロイドが花粉に含まれることがある．オーストラリア・ニュージーランド食品基準局は，蜂蜜中にピロリジジンアルカロイドが高濃度で検出されたことを理由に，同植物由来の蜂蜜を毎日大さじ2杯以上摂取することを控えるよう勧告を出している．同蜂蜜内のピロリジジンアルカロイドは花粉に由来することが知られている．エキウム・カンディカンスは，上述の2種とは異なるものの，花粉にピロリジジンアルカロイドを含有する可能性は否定できない．

　ピロリジジンアルカロイドはこれまでに300種類以上の天然物が知られ，フキなど身近な食用植物にも含まれている．現状では蜂蜜内のピロリジジンアルカロイドの同定と定量は困難ある．そこで，蜂蜜内の花粉量の評価を試みた．走査電子顕微鏡観察によると，エキウム・ブルガレを蜜源とした蜂蜜に比較して，エキウム・カンディカンスを蜜源とした蜂蜜は全体の花粉粒数は2.0％であり，エキウム由来の花粉粒数も2.9％という低い割合である[2]．すなわち，エキウム由来の花粉粒数の絶対数の少なさから判断して，エキウム・カンディカンス蜂蜜における健康被害のリスクは低いと考えられる．しかしながら，蜂蜜内のピロリジジンアルカロイド含有量については調査できていないことから，エキウム・カンディカンスを蜜源とした蜂蜜内におけるピロリジジンアルカロイドの評価については，今後の検討課題である．

　なお，2018年8月，農林水産省から食品中のピロリジジンアルカロイド類の含有実態調査結果の報告があった．その報告によると，国内で市販されている蜂蜜（国内産および海外産）におけるピロリジジンアルカロイド類による健康被害リスクは無視できるとされている．調査した蜂蜜には，エキウム・プランタギネウムおよびエキウム・ブルガレを蜜源とする蜂蜜も含まれている．これらのことから

も，エキウム・カンディカンス蜂蜜による健康被害リスクも，無視できると推測される． 〔土橋　豊〕

文　献

1) 越後多嘉志（1993）：調理科学，**26**（1）：47-53．
2) 伊藤弘顕他（2014）：甲子園短期大学紀要，**32**：51-55．
3) 門脇辰彦（2010）：化学と生物，**48**：577-582．
4) 松香光夫監訳（2002）：蜂蜜と代替医療，pp.69-85，フラグランスジャーナル社．
5) 中村　純（2009）：ニセアカシアの生態学（崎尾　均編），pp.69-80，文一総合出版．
6) 農林水産省生産局畜産部（2017）：養蜂をめぐる情勢．www.maff.go.jp/j/chikusan/kikaku/lin/sonota/pdf/h29hachimeguji.pdf
7) Press, J. R. and Short, M. J. Eds.（1994）：*Flora of Madeira*, pp.276-277, The National History Museum.
8) 土橋　豊（2015）：甲子園短期大学紀要，**33**：1-10．
9) 土橋　豊他（2013）：甲子園短期大学紀要，**31**：25-30．
10) 土橋　豊他（2016）：甲子園短期大学紀要，**34**：17-22．
11) 土橋　豊・田中祥子（2012a）：甲子園短期大学紀要，**30**：21-29．
12) 土橋　豊・田中祥子（2012b）：農業生産技術管理学会，**18**：167-172．
13) 角田公次（1997）：ミツバチ―飼育・生産の実際と蜜源植物―，農山漁村文化協会．

〈第3部　食農デザイン〉

第7章　食品機能のデザイン

❖ 7-1　食品の栄養機能

a.　食品とは何か

　食品は，「ヒトがその個体を維持，増進するために必要な栄養成分の給源であり，調理加工して無毒な食物になるもの」と定義される．すなわち，食品は人間が生命を維持するため，健康に成長するために必要な栄養の給源である．食品そのものに毒があっても，調理や加工することで食物になる場合もある．

　食品学では，食品と食物を区別している．ヒトは植物や動物などの可食部を食べて生活しているが，素材そのものを食品といい，素材を調理，加工して食用にしたものを食物という（図7.1）．

　食品は，例外として食塩などの鉱物もあるが，ほとんどは植物，動物，微生物などの生物体であり，ヒトにとって栄養となるもので，食品機能を有している．

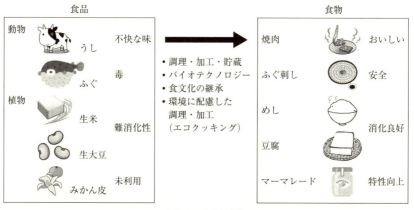

図7.1　食品と食物

食品を原料で分類すると表7.1のようになる．食品の原料は生物体であるため未知のものが多く，食品学は難しい学問といえる．

b. 食品の栄養機能

食品はヒトの身体に良い効果をもたらす機能をもっており，栄養機能（1次機能），嗜好機能（2次機能），生体調節機能（3次機能）の3つに分けられる（図7.2）．

ヒトは食物を取らなければ必要な栄養素を摂取することができず，死に至る．つまり，食品には生命を維持するための栄養成分を提供する機能があり，これを食品の栄養機能という．食品から摂取した栄養が身体のエネルギー源となり，身体の構成成分となり，また代謝調節にも関与する．

食品に含まれている物質の中で，生命を維持するのに必要とされるものを栄養素という．炭水化物，脂質，タンパク質，無機質，ビタミンが五大栄養素である．炭水化物は，消化吸収される糖質と，消化吸収されない食物繊維とに分けられる．生活活動のエネルギー源は主に糖質と脂質であり，身体の構成成分となる栄養素はタンパク質とミネラルである．また，身体の調子を整え，働きを円滑にするのがビタミンとミネラルである（図7.3）．

表7.1　食品の原料

植物性食品	穀類，芋類，豆類，種実類，野菜類，果実類，海藻類，キノコ類等
動物性食品	食肉類，卵類，乳類
微生物利用食品	発酵食品
鉱物	食塩，重曹等

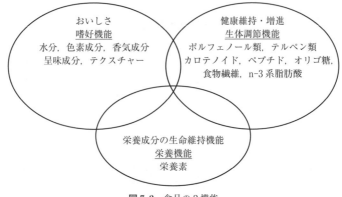

図7.2　食品の3機能

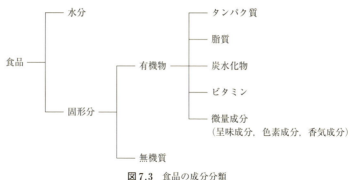

図 7.3　食品の成分分類

　水は栄養素には含まれないが，体重の 60％以上を占めており，体内における物質輸送などに重要な役割を果たしている．また，食品には栄養素だけでなく，食物繊維のようにエネルギー源にはならないものの，生理機能に重要な非栄養成分も含まれる．

〔谷口亜樹子〕

文　　献

1) 荒井綜一編（2002）：食べ物と健康 I 食品学総論，樹村房．
2) 谷口亜樹子編著（2017）：食べ物と健康 食品学総論［演習問題付］，光生館．

❇ 7-2　食品の嗜好機能

a.　食品の嗜好性

　私たちは，食品を食べることで，生きるために必要な栄養成分を摂取している（食品の栄養機能）．それと同時に，食物はおいしいことも大切で，おいしい物を食べることは楽しい，嬉しいと感じる．これが食品の 2 つ目の嗜好機能である．
　食の嗜好とは，習慣づけられた食物に対するある種の執着で，食物をおいしいと感じることや，食べる楽しみや喜びといった感情をもたらす．嗜好を満足させることで，空腹や食欲などの生理的欲求が満たされるほか，食欲の増進や消化吸収の促進が見られる．
　嗜好性は食品自体，あるいは食品中のある成分がヒトの感覚器に作用することで起こり，五感である視覚，味覚，嗅覚，触覚，聴覚を刺激する．私たちの感覚に影響する成分は嗜好成分と呼ばれ，主に呈味成分，色素成分，香気成分があり，

このほか触覚が刺激されたときの感覚をテクスチャーと呼んでいる．

　食物のおいしさは，食物に含まれている要因によって刺激される五感だけで決まるものではなく，それを食べるヒトの健康状態や心理状態，食べている場の雰囲気，以前食べたときの記憶なども大きく影響する（図7.4）．その証拠に，他人とは好物が違ったり，自分の好物であっても今日はおいしく感じられなかったりということがある．つまり，食べ物側と食べるヒト側の要因が相互作用することで，おいしさが評価されている．

　一方で，嗜好性は食物の品質評価にも役立っている．たとえば，糖類やご飯，イモなどの甘いという味は，エネルギー源であることを示している．酸っぱさは食品が腐敗した場合に生じるため，酸味といった味やツーンとする匂いで品質を判断することができる．見た目の色や触った感触も，食品の鮮度を判断する場合の要因となる．また，いくら栄養機能が高い食品であっても，色が悪くて美味しくない食物は，受け入れられない．これらのことから，食品の嗜好機能も非常に重要である．

b. 色素成分

　食物の色素成分には，食品に本来含まれているものと，加熱調理や加工によっ

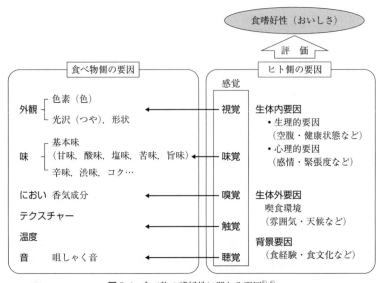

図7.4　食べ物の嗜好性に関わる要因[5), 6)]

て生成するものがあるほか，着色料として添加されるものがある．

　生野菜や果物の緑や赤は食品に本来含まれている色素成分によるものであり，鮮やかな色は新鮮さの指標となり，食欲を促進する．しかし，青果物は鮮度が低下すると退色するため，食べるかどうかの判断材料ともなる．

　加熱調理の過程で食品成分が化学反応し，食品に本来含まれていなかった色素が形成され，食品の特徴となることがある．たとえば，食品を加熱すると食品中の糖とアミノ酸が反応して褐色色素が生成するが，この褐色はコーヒーの色やクッキーの焼き色であり，嗜好性を満たす成分として利用されている．

　高度に加工された加工食品では，食品本来の色が失われることがあり，これを補うために着色料が使われる．また，清涼飲料水や菓子では，その商品から野菜や果実がイメージできるような着色料が添加される．

　食品の色で，食欲をそそるイメージを与えるのは赤，黄緑，黄，緑であり，料理の盛り付けや食品のパッケージに利用されることが多い．逆に，食欲を減退させるのは青や紫といわれている．そのため，「青い食品は売れない」とされてきた．しかし，ものの見方を変えると青い食品は商品陳列の中で目立つ存在であり，また食欲を減退させるのでダイエット食品として販売されることがある．これらは，色の嗜好特性がヒトに作用する効果を利用した例である．

　また，色素成分以外に光沢（つや）や形状なども視覚的な影響を与える要因であり，食品を食べる前に評価する際の外観に含まれる．

c. 呈味成分

　食品中の呈味成分が舌の味蕾細胞を刺激し，感覚神経を通して脳へ伝わると，味として知覚される．味には甘味，酸味，塩味，苦味，旨味の5つの基本味がある．基本味とは，他の基本味とは明らかに味質が異なり，混合してもその味を作りだせず，それぞれ異なる受容体を通じて脳へ伝達されるものである．

　基本味はそれぞれ栄養学的な意味をもつとされており，甘味はエネルギー源を意味し，塩味はミネラル，旨味はタンパク質の存在を示している．これらの味は，それぞれの栄養素を積極的に摂取する方向に作用する傾向がある．一方，苦味や酸味は毒物の存在，食品が未熟な状態であることや，腐敗していることを意味しており，私たちはこれらの味を避ける．

　しかし，成長に伴い食経験を重ねることでコーヒーの苦みや梅干しの酸味もおいしいと感じるようになり，積極的に摂取するようになる．これらのことから，味の嗜好性は食経験により変化しうることがわかる[1]．

基本味以外に辛味，渋味，コクがある．コショウやトウガラシなどの辛味は痛覚と温度感覚による複合的な感覚であり，渋味は口腔内粘膜の収れん作用を伴った感覚である．コクは統一的な定義はないが，味に奥行きと深みをもたせる感覚として認識されている．最近，食品にコクを与える成分として，硫黄を含むメイラードペプチドやある種の低分子ペプチド類が報告されている[1]．

複数の呈味成分を口にしたときは，味の相互作用が起こり，対比効果，相殺（抑制）効果，マスキング効果，変調効果，相乗効果が生じることがある（表7.2）．

d. 香気成分

食品から揮発する香気成分（分子量300以下の低分子化合物）が鼻腔の上部にある嗅上皮に入り，嗅覚受容体と結合すると刺激が脳へ伝わり，食品の匂いが知覚される．ヒトには数百種類もの嗅覚受容体が存在しており，1つの受容体は複数の香気成分と結合する．

1つの食品の匂いは非常に多くの香気成分により構成されていることから，匂いは複数の香気成分が複数の嗅覚受容体に作用したときに生じる多数の刺激を統合したパターンとして脳で認識されており，パターンの違いにより匂いが区別されている．

食品中に含まれる香気成分の量はごく微量であり，生鮮食品では1kg当たり数十mg程度である．しかし，香気成分の種類は非常に多く，コーヒーでは約800種，トマトでは約400種もの成分が検出されている．匂いとして感知される濃度は香気成分の種類によって異なり，同じ成分でも濃度により良い匂いと感じたり，

表7.2 味の相互作用とその例[2,6]

相互作用	内容	例
対比効果	異種の味を摂取した場合に，片方の味の刺激によって他方の味の刺激がより強くなる効果	スイカに少量の塩をかけると，甘味が強まる
相殺（抑制）効果	片方の味が，もう一方の味によって弱められる効果	コーヒーに砂糖を加えると，苦味が減少する
相乗効果	同種の呈味物質を混合して摂取した場合，各々の呈味物質の和で示される以上の味の強さを感じる効果	昆布とカツオ節の混合だしは，旨味が強まる
変調効果	先に摂取した味の影響を受け，後に摂取した味が変わって感じられる効果	ミラクルフルーツを食べた後は，酸味が甘味に感じる

嫌な臭いと感じたりする．食品の匂いは含まれている香気成分の種類と割合，濃度によって特徴づけられている．

　香気成分に対する感度は高く，一般にppm（百万分の一）～ppb（十億分の一）のわずかな濃度で感知される．食物の匂いには，香気成分が鼻の孔から直接鼻腔を通じて感知されるものと口に含んでから咽頭を通じて鼻腔に上がるものがあり，両方から刺激があわさったものを匂いとして感じている．食物を口に含んだときには同時に味も感じていることから，鼻をつまんで食べると，つままなかったときと味が異なって感じられることがある．匂いと味の間には密接な関係があることがわかる．

e. テクスチャー

　食品のテクスチャーとは，食品の弾力や粘度などの物理的性質と形や構造の組織的性質が感覚器に触れたときに与えられる刺激であり，手ざわり，舌ざわり，口あたり，歯ごたえなど触覚として感知している．食品中の呈味成分や香気成分の化学的性質が味や匂いを作るとすると，テクスチャーは食品の物理的性質によりつくられるおいしさの要因である．

　食品のおいしさを評価するとき，化学的性質の味と物理的な味どちらを重視するか，という調査が行われた[5]．その結果，図7.5に示すように，ジュースなどの液体食品では味や匂いといった化学的性質が重視されたのに対し，白飯やクッキ

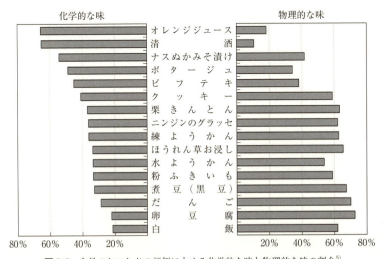

図 7.5　食品のおいしさの評価に占める化学的な味と物理的な味の割合[5]

ーではテクスチャーといった物理的性質が大きな割合を占めていた．

食物を口に入れたときに感じられるテクスチャーについては，ヒトによる官能検査と，機械による測定により客観的に数量として取り扱った解析が行われている．表7.3に測定可能なテクスチャーの特性を示した．テクスチャーの数値化は，一般的な加工食品の品質検査として用いられているほか，特別用途食品（7-3節c項参照）においても，高齢者向けの「えん下困難者用食品」の規格として，か

表7.3 代表的な食品テクスチャー[4],[5]

物性	概要
かたさ（hardness）	食品の形態を臼歯で圧縮する（固形食品）か，舌と口蓋で圧縮する（半固形状の食品）ときに必要な力
凝集性（cohesiveness）	歯の間で破断される前の食品が圧縮される度合い
粘性（viscosity）	液状の食品を，スプーンから舌へ垂らすために必要な力
弾力性（elasticity）	歯で挟まれた食品の変形が，もとの形に戻る度合い
付着性（adhesiveness）	通常の食事の過程で，口蓋にくっついた食品を取り除くために必要な力
もろさ（fructurability）	食品を破断する（形を崩す，割る，粉々にする）ときの力
咀しゃく性（chewiness）	一定の力で，固形食品を飲み込める状態にまで砕くのに要する時間
ガム性（gumminess）	半固形状の食品を飲み込める状態にまで砕くのに必要なエネルギー

表7.4 えん下困難者用食品の許可基準

許可基準区分			規格		
			かたさ（一定速度で圧縮したときの抵抗値）(N/m^2)	付着性(J/m^3)	凝集性
許可基準Ⅰ	そのまま飲み込める性状のもの	均質なゼリー状	$2.5×10^3 〜 1×10^4$	$4×10^2$ 以下	$0.2〜0.6$
許可基準Ⅱ	口の中で少しつぶして飲み込める性状のもの	均質なゼリー・プリン・ムース状	$1×10^3 〜 1.5×10^4$	$1×10^3$ 以下	$0.2〜0.9$
許可基準Ⅲ	少しそしゃくして飲み込める性状のもの	不均質なものを含む，まとまりの良いおかゆ状	$3×10^2 〜 2×10^4$	$1.5×10^3$ 以下	

許可基準Ⅰ そのまま飲み込める性状のもの

許可基準Ⅱ 口の中で少しつぶして飲み込める性状のもの

許可基準Ⅲ 少しそしゃくして飲み込める性状のもの

たさ，付着性，凝集性の基準値が定められている（表7.4）． 〔野口治子〕

文　献

1) 阿部啓子・石丸喜朗監修（2016）：おいしさの科学的評価・測定法と応用展開，シーエムシー出版．
2) 川上美智子・高野克己編（2013）：栄養管理と生命化学シリーズ 食品の科学総論，理工図書．
3) 松本仲子・松元文子（1977）：調理科学，**10**（2）：97-101．
4) 森田潤司編著（2008）：新訂食品学総論，樹村房．
5) 日本栄養・食糧学会編（2006）：栄養・食糧学データハンドブック，同文書院．
6) 谷口亜樹子編著（2017）：食べ物と健康 食品学総論［演習問題付］，光生館．

7-3　食品の生体調節機能

a.　食品の生体調節機能

　食品の3次機能である生体調節機能とは，生体リズムの調節，疾病の発現抑制および疾病からの回復など，食品成分が生体の恒常性維持に関与することによって，私たちの健康維持に寄与する機能のことである．

　ヒトの体には，様々な外部環境の変化に適応して，体内環境を一定に保とうとする機構が備わっている．たとえば，気温の変化に大きく影響を受けることなく，私たちの体温は一定の範囲内に保たれているし，運動や食事によって変動する血圧や血糖値も，常に一定の範囲内に保たれている．この仕組みは恒常性（ホメオスタシス）と呼ばれる．すなわち，恒常性維持機構が正常に働いている状態が健康であり，何らかの原因により恒常性維持機構が破綻した状態が病気である．

　近年の研究により，食事，運動，睡眠などの生活習慣が恒常性維持機構に重要な役割を果たしていることが明らかになっており，これらの生活習慣が乱れることによって誘発される糖尿病や高血圧などの生活習慣病患者の増加は，現在，大きな問題となっている．

　では，私たちの健康にとって有益な食事とはどのようなものなのだろうか．1975年頃の日本人の食事は，米を基本に，魚介類や野菜，果物，海藻や発酵食品など，様々なものを少しずつ摂取するスタイルであった．この理想的な日本型食生活の健康に対する有益性については証明されている[1,4]．しかし，経済的に豊かになった日本人の食生活は徐々に肉や乳製品を中心とする欧米型へとシフトし，日本人の死亡原因に少なからず影響するようになった（図7.6）．

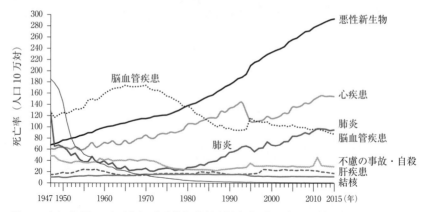

図 7.6 主な死因別にみた死亡率の年次推移（厚生労働省「平成 27 年人口動態統計月報年計（概数）の概況」を改変）

1994，1995 年の心疾患の低下は，死亡診断書（死体検案書）（1995 年 1 月施行）において「死亡の原因欄には，疾患の終末期の状態としての心不全，呼吸不全等は書かないでください」という注意書きの施行前からの周知の影響によるものと考えられる．

1995 年の脳血管疾患の上昇の主な要因は，ICD-10（1995 年 1 月適用）による原死因選択ルールの明確化によるものと考えられる．

　近年の日本人の死亡原因は，第 1 位が悪性新生物（ガン），第 2 位は心疾患（心臓病），第 3 位が脳血管疾患（脳卒中）であり，生活習慣病が上位を占めている状況で，これは主要先進国でも同様の傾向が認められる．ただし，2011 年になると，日本人の死因の第 3 位は肺炎となった．これは「超高齢社会」の到来の結果，寝たきりなどにより肺炎を併発する人口が増加したためと考えられる．

　生活習慣病人口の増加と超高齢社会到来による日本の公民医療費は増加する一方であり，日常生活の中で健康寿命を延ばすことは現代の日本人に課せられた大きな課題の 1 つといえよう．これらの背景から，近年では食品に含まれる機能性成分の研究が進み，様々な食品から多数の機能性成分が同定され，その作用機構についても次々と明らかになっている（表 7.5）．その中でとくに注目を集めているものとして，保健機能食品と特別用途食品がある．

b. 保健機能食品

　保健機能食品とは，国が定めた安全性，有効性に関する基準などに従って食品の機能が表示されている食品で，機能性の表示ができない一般食品や医薬品とは区別されている（図 7.7）．保健機能食品には，特定保健用食品，栄養機能食品，

7-3 食品の生体調節機能

表7.5 主な生体調節機能とその成分

生体調節機能	機能性成分	含有食品
抗酸化作用	ポリフェノール類	
	フラボノイド類	そば，ブロッコリー，ピーマン，たまねぎ，セロリ，しそ（えごま）種子，らっかせい，緑茶，杜仲茶，カカオマス，レモン，やまいも
	イソフラボン類	大豆（納豆）（ゲニステイン，ダイゼイン）
	カテキン類	緑茶，そば，カカオマス
	アントシアニン類	赤かぶ，なす，小豆，黒豆，らっかせい，ブルーベリー，赤ワイン〈ぶどう種子〉，いちご，りんご
	その他	杜仲茶，紅茶，麦茶，コーヒー，りんご，やまもも，オレガノ，ローズマリー，セージ，えごま，そば，赤ワイン，カカオマス
	カロテノイド類	藻類，緑黄色野菜，緑茶，ブルーベリー
	アスコルビン酸（VC）	果物，緑黄色野菜，緑茶，ブルーベリー
	トコフェロール（VE）	大豆（納豆），植物油，緑黄色野菜，緑茶
	硫黄化合物	ねぎ，にんにく（ジアリルジスルフィド）
	その他	しょうが，うこん，セージ，タイム，クローブ，ナツメグ，シナモン，とうがらし，かんきつ類(果皮)，ごま，ほうれんそう，ブロッコリー，小麦ふすま，豆類，穀類，いも類，米ぬか
抗血栓作用	ポリフェノール類	緑茶（カテキン類），赤ワイン〈ぶどう種子〉（リスベラトロール）
	食物繊維，多糖類	海藻類（アルギン酸），しいたけ（β-グルカン）
	硫黄化合物	にんにく・たまねぎ（アリイン，ジアリルトリスルフィド）
	脂肪酸	えごま（しそ）油（α-リノレン酸），魚油（IPA，DHA）
	その他	マッシュルーム，きくらげ（アデノシン）
血中コレステロール低下作用	ポリフェノール類	緑茶，ウーロン茶，なす，赤ワイン〈ぶどう種子〉
	食物繊維	グアー豆，野菜，果物，海藻類，こんにゃく，えび・かに〈殻〉，難消化性オリゴ糖，難消化性デキストリン
	多糖類，その他	しいたけ，にんぎょうたけ，桑葉，月見草油，魚油，オリーブ油，いか，たこ，貝類，紅こうじ
血圧上昇抑制作用	フラボノイド類	レモン（ヘスペリジン，エリオシトリン）
	カテキン類	緑茶（エピガロカテキンガレート，タンニンほか）
	食物繊維	小麦ふすま，こんにゃく，海藻類，えび・かに〈殻〉
	オリゴペプチド	にんにく，乳カゼイン分解物，乳清たんぱく分解物，魚肉分解物（Val-Tyr，Val-Phe など）
	脂肪酸	えごま（しそ）油（α-リノレン酸），魚油（IPA，DHA）
	アミノ酸，その他	緑茶，ギャバロン茶，紅こうじ，杜仲茶，いか，たこ，貝類，ごま油，桑葉
血糖値上昇抑制作用	カテキン類	緑茶（エピガロカテキンガレートほか）
	アントシアニン類	赤ワイン〈ぶどう種子〉（プロアントシアニジン）
	食物繊維	穀類，グアー豆，野菜，果物，こんにゃく，難消化性デキストリン
腸内細菌叢改善作用	食物繊維	ブルーベリー，野菜，果物，こんにゃく，難消化性オリゴ糖，難消化性デキストリン
	カテキン類，その他	緑茶（エピガロカテキンガレート），桑葉（DNJ）
便性改善作用	食物繊維，その他	グアー豆，野菜，果物，こんにゃく，海藻類，難消化性オリゴ糖，桑葉
骨粗鬆症の予防	イソフラボン類	大豆（ダイゼイン，ゲニステイン）
	ビタミン類	納豆（VK$_2$），緑黄色野菜・緑茶・大豆油・菜種油（VK$_1$），きくらげ・しいたけ（乾）（VK$_2$）
	トレハロース	オリゴ糖
	カゼインホスホペプチド	牛乳カゼイントリプシン分解物（CPP）
脳機能改善作用	脂肪酸（DHA）	魚油（DHA）
肥満抑制作用	サポニン	大豆
	水溶性食物繊維	グアー豆（グアガム）
	α-リノレン酸	えごま（しそ）油
	ヒドロキシクエン酸	ガルシニアエキス
体脂肪蓄積抑制作用	カテキン類	緑茶（エピガロカテキンほか）
	1-デオキシノジリマイシン（DNJ）	桑葉
アルコール吸収抑制作用	サポニン	たらの木〈樹皮，根皮〉（エラトサイドA～F），〈芽〉（エラトサイドG～K）

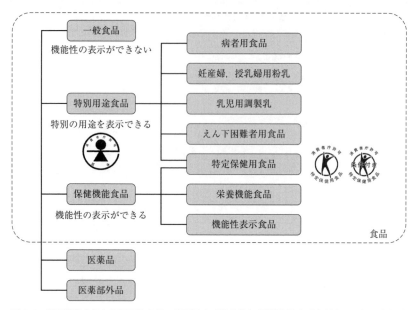

図 7.7 保健機能食品と特別用途食品の位置付け（消費者庁「「機能性表示食品」って何？」を改変）

機能性表示食品の3種類がある．
 (1) 特定保健用食品
 健康の維持増進に役立つことが科学的根拠に基づいて認められ，「コレステロールの吸収を抑える」などの表示が許可されている食品である．表示されている効果や安全性については国が審査を行い，食品ごとに消費者庁長官が許可を行う．
 (2) 栄養機能食品
 高齢化や食生活の乱れなどにより，1日に必要な栄養成分（ビタミン，ミネラルなど）が不足しがちな場合，その補給・補完のために利用できる食品である．その栄養素が厚生労働省の規定した基準量（上限値および下限値）を満たしていれば，国への許可申請や届出をすることなく，栄養機能を表示できる．
 (3) 機能性表示食品
 国の定めたルールに基づき，事業者の責任において科学的根拠に基づいた安全性と機能性を表示した食品である．「内臓脂肪を減らすのを助け，高めのBMI（体格指数）の改善に役立つ」など，特定の保健の目的が期待できるという食品の機

能性が表示されている．販売前に，安全性および機能性の根拠に関する情報などの必要な事項を消費者庁長官に届出すればよい．特定保健用食品とは異なり，消費者庁長官の個別の許可を受けたものではない．

c. 特別用途食品

特別用途食品とは，乳児，幼児，妊産婦，病者などの発育，健康の保持・回復など特別の用途に適することを表示した食品のことである．特別用途食品として食品を販売するには，その表示について消費者庁の許可が必要である．特別用途食品には，病者用食品，妊産婦・授乳婦用粉乳，乳児用調製乳およびえん下困難者用食品，特定保健用食品の5種がある．

保健機能食品および特別用途食品はいずれも医薬品とは異なり，作用が穏やかなため，多くのものは適量を継続的に摂取することが望ましい．日々の食事の一部をこれらの食品に置き換える，あるいはプラスして摂取するなど，健康に有益な食生活を1人ひとりがデザインし，食によって健康寿命が延伸されることが期待される．

〔風見真千子〕

文　献

1) Iwagaki, Y. *et al.* (2018)：*Bioscience, Biotechnology, and Biochemistry*, **82**：709-715.
2) 岸田邦博（2015）：食品学Ⅰ 食べ物と健康―食品の成分と機能を学ぶ―（水品善之他編），p.124，羊土社．
3) 太田英明（2016）：食品機能学（青柳康雄編），pp.1-12，建帛社．
4) Sugawara, S. *et al.* (2018)：*Journal of Oleo Science*, **67**：599-607.
5) 谷口亜樹子（2017）：食べ物と健康 食品学総論［演習問題付］（谷口亜樹子編），pp.150-158，光生館．
6) 寺尾純二（2003）：食品機能学，pp.1-12，光生館．
7) 渡辺達夫（2013）：スタンダード栄養・食物シリーズ5 食品学―食品成分と機能性―（久保田紀久枝・森光康次郎編），pp.151-159，東京化学同人．

7-4　食品機能のデザイン

これまで，食品の栄養機能，嗜好機能，生体調節機能について簡単に解説したが，これらの機能はそれぞれ食品の1次機能，2次機能，3次機能とも呼ばれる．それを踏まえて，本節では4次機能と考えられる，食品の精神的充足機能を取り上げたい．

この食品の精神的充足機能は，食品がヒトに精神的な充足感を与えること，す

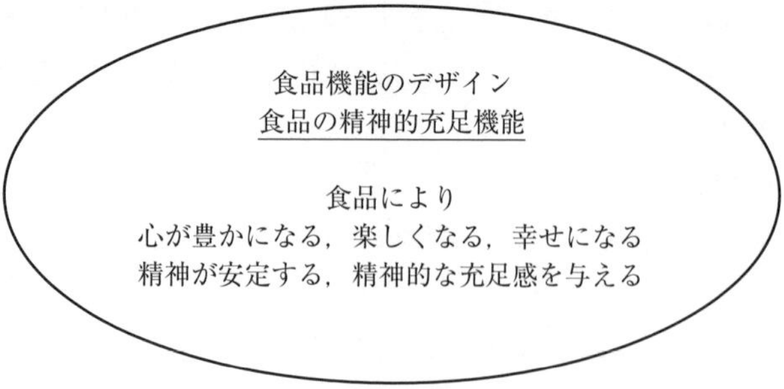

第7章 食品機能のデザイン

```
┌─────────────────────────────┐
│    食品機能のデザイン         │
│    食品の精神的充足機能       │
│                             │
│    食品により                │
│ 心が豊かになる，楽しくなる，幸せになる │
│ 精神が安定する，精神的な充足感を与える │
└─────────────────────────────┘
```

図 7.8 食品の精神的充足機能

なわち，食品を食べることにより心が豊かになる，楽しくなる，幸せになる，精神が安定する，という効果を与える機能であり，現代社会において必要な機能である（図7.8）．

私たちは毎日，食品を食べている．食べることは生きていくための基本となる重要な行動である．しかし，ただ単に食べるだけでは満足感は得られず，食品を食べたい，見た目が美しくおいしそう，おいしい，楽しい，お腹も心も満足したと思うことで，食品に求められる精神的充足機能が発揮されたことになる．食品を開発する，すなわち，ヒトが満足する食品をデザインすることで精神的充足感を与えることができるので，心を豊かにし，幸せをもたらすことを目的として食品の開発を行っていくことになる．

誰かのために食事を作り，一緒に食べ味わうことで，心の絆，心の安定，大事な人とのコミュニケーションが形成される．したがって，食品にはヒトの心を形成する働きがあるといっても過言ではない．そして，心が豊かになることは健康に繋がっていく．

また，食品を食べるという行為は，マナーや食文化を身につけることにも繋がる．心と身体の健康の維持のほか，人への感謝の気持ち，食文化の伝承などにも関与する．食べることはヒト共通のものであり，食品の役割は精神的充足感に大きく影響する．食事づくり，食品，食物の話題でヒトが楽しくなる，幸せになる，心が豊かになるという食品機能の役割はこれからの時代において大切である．

精神的充足機能は，精神的に良い方向に働く食品の機能であり，これからの時代は，食品の精神的充足機能をデザインすることが必要である．これは，食品の栄養機能，嗜好機能，生体調節機能を満たした上で，さらにヒトに精神的充足感を与えるような食品を開発することである．

「食」とは「人に良い」と書くが，身体だけでなく，心も良くなければならず，ヒトを幸せにするためにも食品機能をデザインしていかなければならない．

〔谷口亜樹子〕

第8章　食品加工のデザイン

❖ 8-1　食品加工の目的

　人類は他の動物と同様に，生存のために栄養源となる食物を摂取してきた．食料確保の方法は，動物の狩猟や植物の採集といった，その日暮らしの不安定なものから，家畜の飼育や野菜・果実などの栽培へと変化していった．その結果，狩猟や採集に比べて，食料の確保という点では安定するようなった．しかし，天候の影響によって収穫量が不安定になることもある．さらに牧畜や農耕によって得られる食料の量は狩猟や採取に比べて多いため，すべてを消費する前に腐敗してしまうことがあった．これらの問題を解決するために，先人は食品を加工するという知恵を得ることとなった．食品加工は現代に至るまでに様々な進化を遂げてきた．

　現代における食品加工の目的は，大きく4つ（可食化，保存性の向上，嗜好性の向上，利便性の向上）に分類されることが多い．しかし，さらに細分化できることから，本書では次の7つに分類した．

a.　可　食　化

　可食化とは，野菜や果実の皮，肉や魚の骨など一般的に非可食部とされる部分を除去することを指す．また，小麦粉からパンを製造することや，米を炊飯することもこれに入る．すなわち，原材料のままでは食べることができなかったり，食べにくいものを加熱などの操作を加えることで食べやすくすることも可食化の範疇に入る．このように，可食化は食品加工の目的の中で最も基本的なものといえる．

b.　安全性の向上

　農産物，畜産物，水産物は，いずれも時間の経過とともに変質したり，腐敗して劣化する．また，食中毒に関わる微生物が繁殖すれば，健康被害が生じる危険

性がある．そこで，食品の安全性を担保するために，加熱によって殺菌したり，静菌剤などの食品添加物で微生物制御が行われる．このほか，酸化防止剤などの食品添加剤も品質保持のために添加されることがある．

たとえば，豆類に含まれるレクチンやトリプシンインヒビターは，そのまま摂取すると健康被害が生じることがある．これらの物質は熱により不活化するので，加熱加工が行われる．

c. 保存（貯蔵）性の向上

日本は，山が多く，南北に長い島国であるという地理的特徴と，四季があるという気候的な特徴をもつ．冬季に降雪するような地域では，気温の低下により農産物の生産が制限され，食料の確保が困難なことがあった．また，夏季のように多くの食料が収穫できる時期の食品は保存性が低いため，冬季には食べることができなかった．このような問題を解決するために，保存（貯蔵）性を向上させる加工を行う．たとえば，乾燥野菜や干物における乾燥，漬物などの塩蔵，ジャムのような糖蔵などがあげられる．いずれも，原料となる食品を加工することで長期保存が可能となることから，夏季に収穫した食料を冬季でも食べることができるようになった．このほか，発酵技術は日本を代表する食品加工技術であり，醬油や味噌のように発酵を利用した多くの食品がある．

近年では，冷蔵・冷凍技術の向上により，従来よりも鮮度を保持した状態で保存することが可能になっている．また，腐敗や酸化が生じにくい包装技術も開発されている．

d. 栄養性の向上

米は食べやすくするために炊飯する．栄養の摂取という観点から見ると，米はデンプンを多く含むが，生米の状態では消化吸収されない．それが，炊飯すると，米に含まれるデンプンは糊化（α化）する．糊化とは，デンプンに水を加え加熱することにより膨潤させ，デンプンの結晶構造が壊れることにより糊になることをいう．この状態になってはじめて，アミラーゼなどの酵素により分解され，エネルギー源として摂取できるようになる．これは，パンも同様である．このように，栄養性（栄養の摂取効率）の向上も，食品加工の目的の1つといえる．

e. 嗜好性の向上

嗜好性は，食品にとって重要な要素の1つである．いかに優れた栄養価があっても，美味しくなければ食べない．たとえば，大豆は栄養価が高い食品であるが，そのままでは硬くて食べづらい．しかし，きな粉や豆腐，納豆などに加工すると，

食べやすくなる．牛乳はそのまま飲むこともできるが，発酵させ，ヨーグルトやチーズを製造することができる．大豆と牛乳の例からわかるように，加工は味，色，香り，食感などを変化させ，嗜好性の向上にも寄与する．

f. 利便性の向上

社会の変化に伴い，食生活を含むライフスタイルも変化してきた．農林水産省の統計によると，食料支出における生鮮食品の割合が低下する一方で，加工食品の割合が増加している[2]（図8.1）．この傾向は，この先も変わらないと予想されている．これは，世帯構造の変化[2]（図8.2）に伴うものと考えられる．具体的には，単身世帯，共働き世帯，高齢者世帯が増加したことにより，調理の手間を省いたり，短くしたいというニーズが増えている．食品を加工することで，このニーズに対応することができ，実際にそのような加工食品が多く開発されている．具材と合わせるだけの調味液，温めるだけのレトルト食品や冷凍食品，お湯を注ぐだけのインスタント食品は，その典型的な例である．また，1人前など少人数用の加工食品も多く見られるようになってきた．このように，食品加工による利便性の向上は，近年になってその重要性が増してきた．

g. 経済性の向上

加工食品の原材料として，すでに加工した食品を用いることもある．乾燥卵は鶏卵を乾燥させることにより製造される．この乾燥卵は鶏卵中の水分を減らすこ

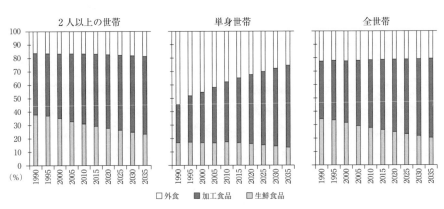

図8.1 世帯類型別の食料支出割合の推移（農林水産政策研究所「人口減少局面における食料消費の将来推計」より作成）

2015年以降は推計値．
外食は一般外食と学校給食の合計．生鮮食品は，米，生鮮魚介，生鮮肉，牛乳，卵，生鮮野菜，生鮮果物の合計．加工食品はそれ以外．

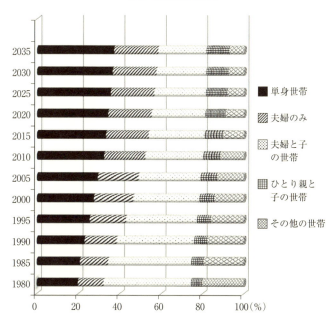

図8.2 家族類型別にみた一般世帯の構成割合（総務省「国勢調査」，国立社会保障・人口問題研究所「日本の世帯数の将来推計（全国推計）」2013（平成25）年1月推計」より作成）
国勢調査における「単独世帯」を「単身世帯」と表記．
1980年から2000年までは旧家族類型の割合．

とで体積を減少させ，生卵よりも保存場所を節約することができるとともに，長期間の保存が可能になるというメリットがある．つまり，卵が多く生産される時期に乾燥卵を製造しておけば，原材料となる卵を安定して安価で供給することができる．乾燥卵の他にも多くの食品で，加工することで経済性が向上する例がある．

以上，見てきた食品加工の目的は多少，重複する部分もあるが，それぞれがいずれも重要な意味をもっている．これらの意味を理解すれば，身の回りにある加工食品に対する見方が変わるかもしれない．

8-2 食品加工の原理

食品加工の原理を大別すると，物理的原理，化学的原理，生物学的（生化学的，酵素学的，微生物学的）原理の3つになる（図8.3）．

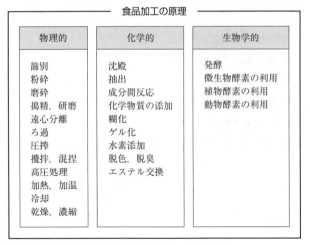

図 8.3　食品の加工原理に基づく分類

a.　物理的原理による加工

食品原料は生物由来であり，可食部と非可食部が混在している．また，食品原料以外の異物や混入物が含まれていることがある．そこで物理的原理に基づく加工により，目的とする可食部以外のものを除去する必要がある．これに該当する加工は機械を用いることが多い．

(1)　篩　別

篩別とは粒の大きさによる篩い分けの操作を指す．小麦粉を製造する際，小麦粒を粉砕し，小麦粉とふすま（小麦粉以外のカス部分で，糠と胚を含む）を分別する方法として，よく用いられる．

(2)　粉砕・磨砕

粉砕とは機械を用いて固体の食品原料を砕く操作で，穀類，マメ類，イモ類などを微粒化（製粉）することも該当する．食品原料をそのまま粉砕する方法だけでなく，加水して粉砕する方法や，食品原料が熱による品質の低下が生じるものについては冷却操作を併用した方法もある．

磨砕は水を加えて磨りつぶす操作で，豆乳や豆腐を製造する際に浸漬した大豆を磨砕するのはその典型例である．

(3)　搗　精

搗精とは穀類の外皮や果皮をはじめとする糠層と胚芽を除去する操作であり，

精白ともいう．

(4) 分離（遠心分離・ろ過・圧搾）

分離とは，目的の成分だけを分けて取り出す操作を指す．遠心分離，ろ過，圧搾，蒸留などがある．

遠心分離は，重さの違いを利用して，遠心力によって沈殿物と上澄液に分ける方法で，牛乳からのクリーム製造やデンプン製造などに用いられる．

ろ過は，膜などを利用して液体中の固体を液体から分離する操作を指す．ろ過には自重ろ過，圧力ろ過，減圧ろ過（真空ろ過），遠心ろ過などがある．近年，膜ろ過技術が向上し，対象食品数が増加しただけでなく，品質や安全性の向上に貢献している．

圧搾は，果実や野菜などをプレス（圧搾）することで，固体から液体成分を分離する方法である．ごまのように種子から油を分離する際も圧搾が適用される．

(5) 攪拌・混捏

攪拌は，2種類以上の成分が互いに混じりあった状態にする操作を指す．攪拌は混合として分類されることもある．固体，液体，気体などの組合せにより，様々な攪拌があり，とくにパンや，うどんなどの麺類などでは，原料となる小麦粉と水を混ぜ合わせることを混捏と呼んでいる．

(6) 高圧処理

高圧処理は，自然界では生じえない高い圧力（2000〜6000気圧）を食品の原材料にかけて加工する操作をいう．圧力処理は加熱操作を伴わないが，デンプンの糊化やタンパク質どうしの結着だけでなく，殺菌効果も見られる．また，加熱を伴わないことから，色調や，ビタミンなどの栄養成分の保持が可能であるため，近年，注目を浴びている．

(7) 加熱・加温

加熱や加温は，調理，殺菌，酵素反応によって生じる品質の向上を目的として行われる操作で，食品加工の中でも原材料の種類を問わず，広く用いられている．

(8) 冷　却

冷却は，温度を下げ，品質の保持，向上をさせる操作を指す．冷凍や冷蔵のほか，低温条件で肉を熟成させる際にも適用される．

(9) 乾燥・濃縮

乾燥は，食品原材料中の水分などの液体部分を除去する操作を指す．原料に応じて，自然乾燥か人工乾燥が適用される．たとえば，乾燥野菜や干物は乾燥させ

た加工食品であり，保存性を向上させることはもちろん，もともとの食材にはないテクスチャーを付け加えたり，旨味を濃縮することができる．

濃縮は，溶液中の成分の濃度を高める操作であり，水分含有率を低下させることが基本となる．濃縮も乾燥に似た特性がある．近年では限外ろ過や逆浸透などの膜技術が向上し，非加熱による濃縮が可能となっている．果汁の濃縮やチーズホエイからのタンパク質や乳糖の回収など幅広く，利用されている．

b. 化学的原理による加工

食品には多くの成分が含まれており，これらの成分の化学的特性や化学的反応を利用した加工方法である．

(1) 沈　殿

デンプンが水に溶けにくいという性質を利用し，水中でデンプンを沈殿させ，その他の部分と分離する．前述の物理的原理による加工の分離でも述べたように，現在では遠心分離を用いることが多い．他にはタンパク質が等電点付近で沈殿する性質を利用することがある．たとえば，豆腐製造において，豆乳ににがりやグルコノ-δ-ラクトンを加えると大豆タンパク質は凝固，沈殿し，これが豆腐となる．ヨーグルト製造において，乳酸菌が発酵し，生産する乳酸などの有機酸によって同様の現象が見られ，凝固したものをカードと称している．

(2) 抽　出

抽出は，溶媒を使って，固体や液体の原料から特定の物質を分離する操作を指す．溶媒としては，水のほかに，キサン，エタノール，アセトンなどの有機溶剤が用いられることがある．たとえば，種実類から油脂を分離することや，コーヒーやお茶類を入れるのも，この操作に当たる．

(3) 成分間反応

食品中の成分どうしの化学反応を指す．加熱による香気成分の形成や褐変化はこの例である．

(4) 化学物質の添加

味や香りを付け加えたり，さらに品質や保存性を向上させることを目的として，調味料，食塩，砂糖，食品添加物（保存料やアミノ酸など）といった化学物質を添加することを指す．

(5) 糊化・ゲル化

糊化は，デンプンを加熱することで起こる構造変化であり，米の炊飯やパンの焼成で見られる加工である．

ゲル化は，寒天やゼラチン，ペクチンなどのゲル化剤を添加してゲルを形成させる操作であり，食品の物性を改良するのに貢献する．前述した，豆乳ににがりやグルコノ-δ-ラクトンを添加する操作を含むこともある．この場合，にがりやグルコノ-δ-ラクトンがゲル化剤として扱われる．

(6) 水素付加

水素付加は，油脂類に水素を付加することにより，不飽和脂肪酸の二重結合を飽和結合にする操作を指す．これにより，物性の改良，酸化安定性の付与，色調の改善などの効果が見られる．たとえば，水素付加によりマーガリンが製造され，パンや菓子類に利用される．近年，水素付加された油脂に含まれるトランス脂肪酸が，健康に悪影響を与えることが報告されている[3]．しかし，どのトランス脂肪酸が健康に悪影響を及ぼすかなど，科学的な証拠がまだ十分でない．

(7) その他

デンプンから水あめやグルコースを製造する際に用いられる加水分解，油脂の精製に用いられる脱色・脱臭，油脂の品質改良に用いられるエステル交換など，多くの化学的原理を利用した食品加工が行われている．

c. 生物学的原理による加工

生物学的原理による加工は，微生物による発酵や，微生物，植物，動物が生産する，またはそれぞれから分離された酵素を利用した加工方法である．

(1) 発 酵

発酵は，清酒，醬油，味噌，納豆，漬物などを製造する際に用いられる方法で，古来より日本に伝わる伝統的な食品加工法の1つである．畜産物を原材料としたヨーグルトやチーズ，水産物を原材料としたシュールストレミングやホンオフェなど，世界には様々な発酵食品が存在する．これらの発酵食品の製造には，いずれも微生物が関与している．

発酵には，細菌，酵母，カビといった微生物が関与している．納豆のように単一の微生物による発酵が行われる場合もあるが，複数の微生物が互いに関与しながら発酵が進む場合が多い．たとえば，清酒では麴（カビ）によって米のデンプンが糖化され，それを栄養源として細菌が増殖，その後，酵母によるアルコール発酵が起こる．近年では，プロバイオティクスに代表される発酵による機能性の向上が注目を浴びている．

(2) 微生物・植物・動物酵素を利用した加工

発酵は，微生物が生育する過程で生産する様々な酵素が，原料または原料由来

の物質と反応して完成する.微生物の生産する酵素は非常に有用であり,食品加工においても,多糖やタンパク質などを分解・加工するために単離した酵素が広く利用されている.

たとえば,麦芽糖の製造でβ-アミラーゼ,ブドウ糖の製造でグルコアミラーゼ,異性化糖の製造でグルコースイソメラーゼなど,糖類の製造では多くの場面で微生物由来の酵素が利用されている.パパイヤ由来のパパインは,タンパク質を分解する酵素の一種で,肉の軟化に用いられる.また,紅茶の製造では,ポリフェノールオキシダーゼによるポリフェノールの酸化が起こる.動物酵素では,仔ウシの胃から単離されるレンネットがチーズ製造に用いられていた(現在は,遺伝子組換え技術で生産された酵素が普及している).ここ数年,日本では熟成肉に注目が集まっている.熟成肉は,通常の肉よりも旨味が強いとされている.これは,主に肉の内因性プロテアーゼによってタンパク質が分解され,旨味を呈するアミノ酸が遊離することに起因する.

加工食品を製造する場合,ここまでに紹介してきた加工方法は単独で使用することもあるが,その多くは複数の加工方法を組み合わせて利用されている.

❈ 8-3 食品産業の役割と課題

食品産業は農水産業と消費者の間に位置し,豊かな食生活を提供するために,食料の生産から加工,流通,消費に至るまで,食品の品質と安全性を維持するとともに,食品を安定的・効率的に供給する役割を担っている.

a. 食品産業の役割

食品産業は生活必需品を提供する生活産業であり,食品製造業,流通業および外食産業に大きく分類される(図8.4).

食品産業に期待される役割としては,主に以下の5つがあげられる[1].

(1) 安全な食料を安定的に供給すること

食料は,人間が生命活動を維持するために不可欠なものであり,生活の基盤となる安全な食料の安定供給が食品産業に課せられた大きな役割である.

(2) 豊かな生活の実現に貢献すること

消費者が満足できる内容・品質の食を提供すること,日本の自然,歴史,気候等を反映した多様で豊かな食を提供することによって,健康で充実した生活の実現に貢献することが期待されている.食品産業の発展は,国民の平均寿命の延伸

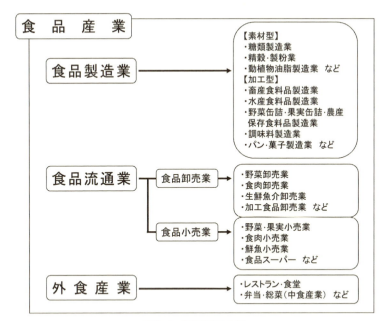

図 8.4 食品産業の分類

にも大きく貢献している．近年は，消費者ニーズに合致した簡単，便利な食生活の実現に貢献することも求められている．

(3) 国内農林水産業を支えること

国産農林水産物の約 70％が食品産業仕向（食品製造業仕向と外食産業仕向）であり[4]，食品産業と農林水産業との関連は深く，食品産業は農林水産物の最大の需要者として，農林水産業従事者の所得確保に寄与することが期待されている（図 8.5）．

このように食品産業と農林水産業は協同一致して食料を安定供給する役割を担っており，両産業が発展することは食料自給率の向上にもつながる．また，食品産業が農林水産業従事者と消費者のニーズを仲介することにより，両者の情報共有を促進し，満足度を向上させることへ貢献することも期待されている．

(4) 国民経済・地域経済の担い手となること

日本の食品産業は，戦後急速に発展し，2015 年現在の国内生産額は 96.4 兆円に達し，全経済活動に占める割合は 9.5％となっている[5]（図 8.6）．また，2017 年現在の食品産業の就業者数は 828 万人で，就業者総数に占める割合は 12.7％とな

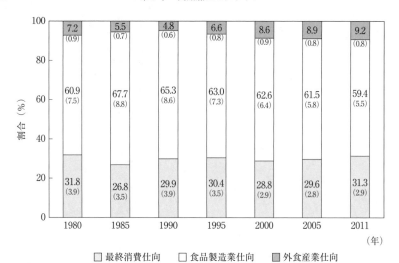

図 8.5 国産食用農林水産物の用途別仕向割合（農林水産省「農林漁業及び関連産業を中心とした産業連関表」をもとに作成）
カッコ内は仕向額（兆円）．

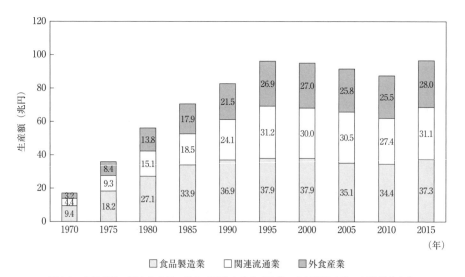

図 8.6 食品産業の国内生産額の推移（農林水産省「農業・食料関連産業の経済計算」をもとに作成）

っており[5), 6)]，国民経済上の重要な地位を占めている（表8.1）．

地域経済の面から見ると，食料品製造業は雇用と生産を支える重要な産業であり，2017年現在，9道県で出荷金額が最も大きい製造業となっている[4)]（表8.2）．また，地域には特色のある農林水産物があり，これらを活用し，現地の農林水産業や観光産業などの活性化に食品産業が貢献することも期待されている．

（5） 持続可能な資源循環型社会の構築に貢献すること

食品産業は有機質資源の循環に深く関係する生命産業であり，持続性のある社会構築のために，食品産業には地球環境・生物多様性の保全などに貢献することが期待されている．そのため，食品の製造の際に派生する農水産副産物の利活用を促進するとともに，流通，販売においても廃棄物の発生抑制に努めるなど，資源循環を徹底し，環境への負荷の軽減を図る必要がある．

b. 食品産業の課題

日本の食品産業が持続的に事業を発展させるためには，これまでの経験を踏まえ，国内外において以下のような取組みを展開することが重要である．

（1） 国内市場への対応

かつての日本の食生活は，主婦が家庭の台所で生鮮食材を調理して食事を作る素材（生鮮品）消費型であったが，経済成長と女性の社会進出による国民の生活スタイルの変化に応じて，調理の負担を軽減する加工食品消費型へ移行してきた．

また，少子高齢化が進み労働人口が減少しているため，今後は女性の就業率がますます高まり，共働き世帯が増えるものと予想される．さらに，高齢者の割合

表8.1 食品産業の就業者数と割合（農林水産省「農林水産基本データ」をもとに作成）

	2009	2010	2012	2013	2014	2015	2016	2017
就業者数合計（万人）	807	817	802	818	817	818	827	828
就業者総数に占める割合（％）	12.8	13.1	12.8	13	12.9	12.8	12.8	12.7

2011年は，同年3月11日に発生した東日本大震災の影響により，岩手県，宮城県および福島県分を算出していないため掲載していない．

表8.2 食料品製造業の製造品出荷額が製造業の中で上位にある道府県（2017年）（経済産業省「経済センサス・活動調査」をもとに作成）

1位	北海道，宮城，新潟，奈良，高知，佐賀，宮崎，鹿児島，沖縄
2位	青森，岩手，秋田，茨城，群馬，埼玉，京都，鳥取，香川，福岡
3位	山形，徳島，長崎，熊本

のみならず，単身者の世帯数も増加傾向にあり，人口減少により国内の食品市場は量的には縮小傾向にある一方，消費者ニーズの多様化が進んでおり，量を追求する時代から質を重視する時代へ転機している．このことから，食品加工の目的には，従来の貯蔵性・保存性の向上はもとより，調理時間・手間を短縮する利便性の追求に加え，健康維持のための栄養や機能性の付与，個食向け小容量商品の提供なども含まれるようになっている．

食事形態に目を向けると，家庭内で食材を調理して食べる内食は上記のとおり減少し，レストランなどの飲食店で調理された食事を食べる外食は 1980 年代後期から 1990 年代初頭にかけての好景気時には普及した．その後，デフレ経済に入り，節約志向が強まったこと，家族あるいは個人で過ごす時間を優先する人々が増えたことなどから，店舗で購入した総菜・弁当などの調理済み品やインスタント食品を家庭に持ち帰り食べる中食が増える傾向にあり，対応が必要である．

(2) 海外市場への対応

2013 年に「和食：日本人の伝統的な食文化」がユネスコ無形文化遺産に登録され，日本の食に対する海外の注目度が増したことなどから，日本の農林水産物・食品の輸出額は堅調な伸びを示している（図 8.7）．

海外での利益を上げるために，経済発展が目覚ましい新興国のマーケットは魅力的で，とくに中国，インド等のアジア諸国は，今後，中・高所得層の増加に伴い，加工食品の需要も増加することが見込まれている．さらに，中国や韓国はこ

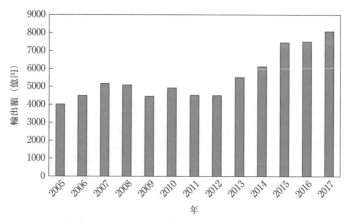

図 8.7 日本の農林水産物・食品の輸出額（農林水産省「農林水産物輸出入概況」をもとに作成）

れから日本と同様に高齢化が進行すると見られており，高齢化社会の先進国である日本で考案・開発された加工食品への需要も高まるものと考えられる．これらの需要に対応し，海外市場を開拓・拡大していくことが日本の食品産業にとって重要である．また，加工食品のみならず，日本の高度なフードシステムを海外で展開することも大きな利益を生むビジネスチャンスとなる．

(3) 緊急時への対応

2011年に発生した東日本大震災では，多くの食品産業が影響を受け，フードシステムの活動継続が困難になった．その結果，食品産業の主要な役割である食料の安定供給が果たせない状況に陥った．

この背景の1つとして，食品の加工拠点を集約化したことがあげられる．基本的に食品の加工拠点は，農水産物の生産地近くに設置され，かつての日本では農業地域にも多くの加工拠点が散在していた．しかし，食料自給率が低下し，食品産業は輸入物資への依存度が増したことから，加工拠点は効率性の高い貿易港近くの臨海地域へ移転，集中していたため，多くの食品産業事業者が地震により発生した津波の影響を被った．また，電気などのエネルギー供給の制約や交通網の断絶が長期間に及んだため，活動の再開が遅れた事業者も見られた．

わが国は，東日本大震災以降も熊本地震（2016年），大阪府北部地震（2018年）に加え，大型台風の上陸などによる災害が増えており，今後も不測の事態に備えなければならない．

その対応として，食品産業事業者はリスク分散を図る必要があり，原料・資材の調達先の多角化，物流システムのバックアップ体制の検討などを業界全体で進め，連携を強化し，緊急時でも機能する食品の供給体系を構築することが要される．

(4) 食料品アクセス問題への対応

近年は郊外に大型商業店が建設され，街中の飲食料品店が減少しており，移動に苦労が伴う高齢者を中心に，食料品の購入が困難な状況になる食料品アクセス問題が表面化している．後期高齢者の割合の急増が見込まれているなか，食品産業事業者はITを駆使するなどして，幅広い消費者へ食品を供給するための体系構築に努めなくてはならない．

(5) 新産業の創出

日本の国土は南北に長く，四季が明確で豊かな自然があることから，全国各地の農山漁村では地域性を有した多様な食材が採れる．また，食材の特長を活かす

調理方法が発達しており，地域の気候風土にあった食文化が生まれ，郷土料理として歴史や文化とともに受け継がれている．このように日本の農山漁村は，地域資源として，農林水産物，豊かな自然環境や文化を有しており，これらを活用し，生産，加工，販売および観光が連携したアグリビジネスを展開することが期待される．この事業が成果を上げることで農林水産業の安定が望めるが，そのためには食品産業が培ったネットワーク，マーケティング力，IT技術等を用い，農林水産業や他産業と協同し，消費者ニーズに合致した新たな6次産業の創出に努めなくてはならない．

また，利便性と栄養・機能性を備えた加工食品に対する介護の現場からの需要は高く，食品産業は，長寿社会に対応する高齢者向け食品の供給とともに，医療・福祉分野と連携し，高齢者ビジネスへの参入を視野に含めた展開も模索するべきである．

日本の食品産業は，他産業に比べ地域に根差した中小企業の比率が高いことから，今後は，海外市場でも収益を上げる企業と国内の地場産業として地域資源を活用し事業展開する中小企業がともに発展することが望まれる．

〔多田耕太郎・入澤友啓〕

文　　献

1) 農林水産省（2012）：食品産業の将来ビジョン．
2) 農林水産省（2015）：平成26年度 食料・農業・農村白書，食料消費の動向．
3) 農林水産省（2015）：トランス脂肪酸の摂取と健康への影響．
4) 農林水産省（2019）：食品産業戦略．
5) 農林水産省（2019）：平成28年農業・食料関連産業の経済計算（概算）．
6) 農林水産省（2019）：食品産業に関する統計．

第9章　日本の食農デザイン

❖ 9-1　生産と消費をつなぐ食農デザイン

a.　日本における食と農の現状

わが国における農業の現状を農の面から見ると，現在の産業別就業者数に占める第1次産業就業者の割合はおよそ4%に過ぎない[11]．その上，65歳以上が半数以上を占めており，わが国の農業は超高齢者産業といえる．

このような担い手の高齢化や後継者不足から耕作放棄地が増えており，経営耕地面積は減少の一途をたどっている．これは都市部でも顕著であり，東京都内で農業生産額上位に位置する世田谷区[10]を例に見ると，ここ50年で経営耕地面積は約80%も減少している（図9.1）．このように現在の日本では私たちの身近な生活環境から次々と「生産の場」がなくなっている．

一方で食の面から見ると，食の外部化の進行も顕著であり，外食や中食（弁当や惣菜など）といった形で農畜産物を消費する傾向が強まっている（シリーズ

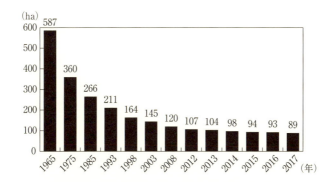

図9.1　世田谷区の農地面積の推移（世田谷区農業委員会[10]作成の農家基本調査集計表を改変）

〈農学リテラシー〉『現代農学概論』第8章を参照).このことは,すでに調理済みのものが食卓に並べられる状況が私たちの日常になりつつあること,つまり食料は自ら生産するものから,購入するものへと変化していることを意味している.

このように,食の源となっている農に関わる活動が日常から遠ざかり,さらに食の外部化の進行に伴って,農に対する人々の意識が希薄化している.この状況を「食と農の乖離(かいり)」と呼ぶ.食と農の乖離が進むことで消費者に生産者の顔が見えにくくなり,消費者ニーズなどが生産の場に届きにくくなっている.こうした状況を解消していくための1つとして,とくに消費者が農業や食のもつ意味や価値を主体的に再考する,また生産者がそれを生産現場に活かして,両者をマッチングさせていく「食農デザイン」という視点が求められている.

b. 生産と消費をつなぐ農産物直売所

生産者と消費者の距離が遠くなっている要因として,フードチェーン(食品の1次生産から販売に至るまでの食品供給のすべての工程)が複雑化していることもあげられる.産地での出荷から消費に至る過程において,多段階にわたる複雑な流通経路をたどることになる現状では,それが結果として,生産者と消費者の溝をさらに広げている.その溝を埋める1つのかたちとして農産物直売所に注目が集まっている.

農産物直売所(以下,直売所)とは「農業経営体又は農協等が自ら生産した農産物(構成員が生産した農産物や農産物加工品を含む)を定期的に不特定の消費者に直接対面販売をするために開設した施設や場所」と定義されている[7].一言に直売所といっても,市区町村や農協などが開設しているもの,道路沿いの道の駅に併設されているもの,生産者が期間を限定して農産物(とくに果実)の販売のために開設しているもの,そして朝市のように定期的に開設されているものなど,様々な形態がある.

これらの直売所に共通していることは,流通経路における仲卸しなどの中間業者を介さず,農産物を消費者に直接販売している点にある.そのため,中間業者の手数料,選果や輸送の経費がかからず,生産者は収入増が見込める.また,通常の市場流通では規格外品となる農産物も販売することができ,販売拡大につながっている.

反対に消費者視点で見ると,地元の新鮮な農産物を安価に購入できるとともに,生産者の顔が見える流通から安心感が得られる.このことは,直売所を利用する一般消費者を対象にしたアンケート調査の結果からも明らかになっている[3].神

奈川県厚木市の直売所において調査した結果を見ると，利用者は直売所に対して「地元の新鮮な農産物の提供」「地元の食・農に関する情報共有」という2点に魅力を感じていることが示されている（図9.2）．とくに2つ目の情報共有については，近年，食品偽装事件が多発していることを受けて，安全・安心な農産物を手に入れたいという消費者ニーズの高まりが背景にあるといえる．このように，直売所では地元の新鮮な農産物を安価で購入できる場所となっているだけでなく，食や農の情報共有基地としての役割も果たしており，生産者と消費者双方の「顔の見える化」を通じて食と農をつなぐ架け橋となっている．

c. 農産物直売所×食育

食と農に関する情報共有を望む消費者にとって，直売所はどのような役割を果たすことができるだろうか？　その1つとして，生産者と消費者をつなぐ食育活動の実践があげられる．食をめぐる様々な問題の解決に向けて2005年に食育基本法が制定されて以降，日常生活で食育という言葉を聞く機会は非常に多くなった（シリーズ〈農学リテラシー〉『現代農学概論』第8章を参照）．

食育基本法の公布以降，5年間ごとに食育推進基本計画が策定され，2018年現在では第3次食育基本計画が策定され進められている．2016年度に農林水産省から発行された『食育白書』では，2011年度から2015年度までの5年間の報告がされており，その中で今後の重要課題として，大人への食育の推進が示されている．

食育と聞くと，子どもを対象としたものと捉える人が多いが，食育基本法ではすべての世代の国民を対象とするものと謳っている．とくに第3次食育基本計画

変数	魅力1	魅力2
旬や季節感が感じられる	*0.85*	0.18
地元産の農産物の提供	*0.77*	0.13
鮮度のよい農産物の提供	*0.76*	0.19
生産者や産地のわかる安心感の提供	*0.70*	0.38
食味の良い農産物の提供	*0.65*	0.36
地元の食文化の伝承	0.35	*0.70*
農薬使用や栽培方法の周知	0.19	*0.68*
住民（利用者）どうしの交流の場の提供	0.04	*0.63*
珍しい農産物の提供	0.29	*0.47*

魅力1　「地元の新鮮な農産物提供」

魅力2　「地元の食・農に関する情報共有」

図9.2　利用者が直売所に対して抱いている魅力に関する因子分析結果（御手洗他，2018を改変）
表中の係数（因子負荷量）の絶対値が大きい項目（変数）どうしが同じグループ（因子）を形成する．

では，20〜30歳代の若者世代への食育の必要性が示されている．

そこで彼らを対象に，生産現場を訪れるツアーの開催や地元農産物を用いた生産者自らが先生となる料理講習会などを開催し，食や農に関わる正しい知識や情報を提供することで，栄養バランスを意識した食生活の普及はもちろんのこと，食の源は農であることの再認識も期待される．また今後子どもたちを育てていく親世代となる彼らへの実践は，その子どもへの正しい食や農に関する知識の醸成にもつながるであろう．

❖ 9-2 食品廃棄の現状と削減

飽食の時代といわれている今日，私たちはお金を払えば簡単に食料を手に入れることができる．100年先も，同じような状況が続いているかどうかは誰にもわからないが，食料が足りない社会を想像することは難しい．

しかし，今の消費レベルを維持しながら日本の食料自給率を100%まで上げることはかなり難しい．したがって，食料の供給と消費の動向を連結させて持続的な食農をデザインすることが必要となる．

食料供給や消費動向の現状については本シリーズ〈農学リテラシー〉の『現代農学概論』に解説があるが，それらに加えて消費の先にある食品廃棄の現状も踏まえたシステム作りが食農デザインには必要となる．そこで本節では，供給された食料の消費後の廃棄について解説する．

a. 食品廃棄物とは

食品廃棄物は，食品リサイクル法において「食品が食用に供された後に，または食用に供されずに廃棄されたもの」「食品の製造，加工又は調理の過程において副次的に得られた物品のうち食用に供することができないもの」と定義されている．この食品廃棄物のうち，食べられるにもかかわらず廃棄している部分を食品ロスという．

2015年に国内で食用に供給された食料の量は8291万tであるが，このうち廃棄量は2842万t，また，そのうちの食品ロスの量は646万t（7.8%）である[1]．これだけの食品が，食べられるのにもかかわらず廃棄されたことになる．この食品ロスはフードチェーンのどの過程でも発生するものであり，これを減らすにはどのようにしたらよいのであろうか．

農林水産省の調査結果によれば，家庭における食品ロスには，直接廃棄（食材

や調理済みの食品を使用せずそのまま廃棄),食べ残し,過剰除去(不可食部分を除去する際に過剰に除去した可食部)がある(図9.3).

食品関連産業では,流通段階で発生する減耗分や期限切れのものも食品ロスとなる[2].生鮮食品では加工段階や家庭で食べられない部分の廃棄,食べられる部分の過剰廃棄などがあり,最終的には食べ残しなどによって,廃棄されている.

加工食品では上記のほか,製造から販売の各工程において規格外品や試作・検食によるロスなどで排出される.その後の流通販売段階では,仕入れ時の破損,売れ残り,期限切れなどで,食べられる食品が家庭に届く前に排出される[4].

b. 食品リサイクル法

食品リサイクル法では,食品廃棄物をどのように減量するかを定めている.その中でまずは発生の抑制,次に飼料や肥料,エネルギー化などの再生利用,熱回収などを通して有効利用するとともに,脱水・乾燥などで減量を行い,最終的に残ったものを焼却・埋立て等で処分することになっている.

食品製造業や外食産業などの食品関連事業者から排出される食品廃棄物は71%が再生利用されており,最終的な廃棄処理は15%程度と比較的少ない.とくに食品製造業から発生する廃棄物には大豆かすやふすま(コムギの製粉時に除去される部分)など家畜飼料に利用できるものも含まれており,95%が再生利用されている[6].

一方,一般家庭から発生する食品廃棄物は多数の場所から少量ずつ排出され,かつ排出されるものが多岐にわたり組成も複雑である.そのため,家庭から発生する食品廃棄物はわずか7%が再生利用されているに過ぎない.食品廃棄物を含む廃棄物系バイオマスは,飼料・肥料などへの再生利用や熱・電気に転換するエ

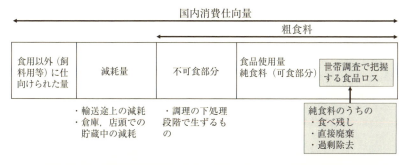

図9.3 農林水産省が世帯調査で把握した食品ロスの範囲(概念図)(農林水産省「食品ロス統計調査(世帯調査・外食産業調査)の概要」[5]を改変)

ネルギー利用の可能性があり，循環型社会の実現を目指すため，その利活用をさらに推進している．

今日，消費者に対する食品ロス削減の啓蒙活動が消費者庁，環境省，農林水産省が連携して行われている．また，近年ではフードバンクと呼ばれる食品ロス削減の活動も始まっている．農林水産省ではフードバンクを「食品企業の製造工程で発生する規格外品などを引き取り，福祉施設等へ無料で提供する団体・活動」と定義している．わが国では2000年に初めて行われたフードバンク活動が端緒となって[9]，2017年1月末時点で77の団体がフードバンクの活動団体として数えられている（流通経済研究所）．近年では，生活困窮者をはじめとした食料の困難経験者に対する食料支援という意味合いが強いとされるが[9]，食品ロスの有効利用という観点から重要な活動であり，社会における制度の構築・定着が望まれる．

食品廃棄の観点から食農デザインの構築には，まずは食品廃棄の現状を理解し，関連業界や消費者が受け入れやすい廃棄削減システムを構築するとともに，削減のための啓発方法を精査しながら，削減意識を盛り上げていく必要があろう．

〔御手洗洋蔵・松嶋賢一〕

文　献

1) 環境省（2018）：食品廃棄物等の利用状況等（平成27年度推計）〈概念図〉．
https://www.env.go.jp/press/files/jp/108984.pdf［2018年9月26日閲覧］
2) 小林富雄（2018）：改訂新版 食品ロスの経済学，農林統計出版．
3) 御手洗洋蔵他（2018）：園芸学研究別冊，**17**（1）：458．
4) 日本有機資源協会（2011）：平成22年度食品廃棄物発生抑制推進事業報告書．
5) 農林水産省．（2015）：食品ロス統計調査（世帯調査・外食産業調査）の概要．
http://www.maff.go.jp/j/tokei/kouhyou/syokuhin_loss/gaiyou/index.html［2018年9月26日閲覧］
6) 農林水産省（2017）：食品廃棄物等の発生量及び食品循環資源の再生利用等実施率．
http://www.maff.go.jp/j/shokusan/recycle/syokuhin/attach/pdf/kouhyou-10.pdf
［2018年9月26日閲覧］
7) 農林水産省（2013）：6次産業化総合調査の概要．
http://www.maff.go.jp/j/tokei/kouhyou/rokujika/gaiyou/index.html［2018年9月17日閲覧］
8) 流通経済研究所（2017）：国内フードバンクの活動実態把握調査及びフードバンク活用推進情報交換会実施報告書（平成28年度農林水産省食品産業リサイクル状況等調査委託事業）．
http://www.maff.go.jp/j/shokusan/recycle/syoku_loss/attach/pdf/161227_8-38.pdf
［2018年9月26日閲覧］
9) 佐藤順子（2018）：フードバンク―世界と日本の困窮者支援と食品ロス対策―，明石書店．

10) 世田谷区農業委員会（2017）：平成29年農家基本調査集計表．
www.city.setagaya.lg.jp/kurashi/101/116/302/309/d00005445_d/fil/29syuukei.pdf［2018年9月19日閲覧］
11) 総務省統計局（2017）：平成27年国勢調査 就業状態等基本集計結果．
www.stat.go.jp/data/kokusei/2015/kekka/kihon2/pdf/gaiyou.pdf［2018年9月17日閲覧］

第10章　食と健康のデザイン

❇ 10-1　健康の背景としての農業

a.　健康と well-being

健康の定義として世界的に認知されているのは，世界保健機関（WHO：World Health Organization）の憲章で採用されているものであろう．そこには，"Health is a state of complete physical, mental and social well-being and not merely the absence of disease or infirmity." と書いてある．厚生労働省はこれを「健康とは，肉体的，精神的及び社会的に完全に良好な状態であり，単に疾病又は病弱の存在しないことではない．」と訳している[7]．

この憲章は，1946年7月にニューヨークで作成され，1948年4月7日に効力が発生したものであり，日本では1951年6月26日に条約第1号として公布された．その後，定義の見直しの動きもあったが，現在でもこれが健康の定義として認知されている．この定義から明らかなのは，肉体的のみならず精神的，社会的にも良好な状態でなければ健康とはされない，ということである．

また，健康の定義の中には "well-being" という言葉がある．これは，「幸福」とも訳される．近年，これまで使用されてきた経済発展の指標である国内総生産（GDP：Gross Domestic Products）や国民所得（NI：National Income），あるいはそれらを居住する人口で除した1人当たり国内総生産や1人当たり国民所得といった指標に対して，それらでは不十分であるとして，さらに包括的な指標を求める動きが活発となっている．これらの指標ではなぜ不十分なのであろうか．

b.　経済発展と健康改善

経済発展は，経済成長に，経済構造上の変化や，社会組織，制度や文化の変革を伴うものである．経済発展が進むにつれて，人々は生産拡大や貿易により多様化した食料，衣服などを消費することができるようになる．また，医療，保健，

衛生面や教育制度の整備といった恩恵を享受することができるようになる．これらは，簡単にいえば生活水準の向上とまとめることできる．つまり，経済発展の目的は，生活水準の向上にある．

この観点からすると，GDP や NI，あるいは 1 人当たり GDP，1 人当たり NI が生活水準の向上を示す指標として適切かということになる．これらの指標は，経済発展というよりは経済成長の指標である．その国家・地域等の経済規模が大きくなっていくプロセス，いうなれば物質的な豊かさを示す指標であり，必ずしも生活水準の向上を示す指標としては十分ではないのである．そこで，well-being，幸福度や自然への影響等も考慮した，包括的な指標の開発と導入に関する議論が活発となっている．

国際連合開発計画（UNDP：United Nations Development Programme）が提示した人間開発指数（HDI：Human Development Index）[6), 13)]や地球環境変化の人間・社会的側面に関する国際研究計画（IHDP：International Human Dimension Programme on Global Environmental Change）と国際連合環境計画（UNEP：United Nations Environment Programme）が提示した包括的富指標（IWI：Inclusive Wealth Index）[4), 5)]等は，この流れをくむものといってよい．これらの指標は，平均余命や死亡率，統計的生命価値等を含み，健康を重視している．肉体的・精神的・社会的に良好な健康状態を達成・維持することは，人類共通の目標であることはいうまでもないが，指標の開発や導入の流れに現れているように，健康を持続可能な社会の実現のために達成すべき指標の 1 つとすることになっている．

しかし，経済成長が進展して物質的に豊かになれば，それに比例して健康状態も改善するのではないだろうか．そうであるならば，健康そのものを把握することは難しいにしても，これまでどおり GDP や NI といった指標を用い，それらの増大を目指すのは，問題ないのではないだろうか．

c．経済成長と健康

図 10.1 は，欧米先進国と日本の成人男子の平均身長の推移（5 か年の移動平均）を示したものである．年齢に対する平均身長は，母胎の影響あるいは母親の健康状態の蓄積，生まれた後の健康状態の蓄積を反映しているとされ，健康指標や生活水準の指標として使用される．図 10.1 は，それぞれの国で急速な経済成長が起こっていると考えられる産業革命期を含む．

図 10.1 を見ると，スウェーデンと日本を除き，イギリス，アメリカ，オラン

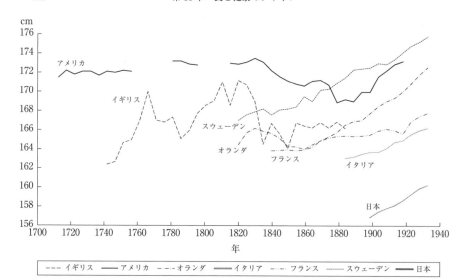

図 10.1 欧米先進国と日本の成人男子の平均身長の推移（Floud *et al*（1990）[1]，Steckel and Floud（1997）[12]，陸軍省（各年版）[10]より作成）
値は全て 5 年を 1 期間としたものである．

ダ，イタリア，フランスでは，成人男子の平均身長の低下が起こっている．とくに，イギリスとアメリカで，その傾向が顕著である．年齢に対する平均身長の推移を健康や生活水準の指標とするなら，ほとんどの国々で経済が成長しているにもかかわらず，健康状態や生活水準が悪化した時期があることになる．一方，日本の成人男子の平均身長は，伸び率が停滞する時期はあるものの，他の国々に比べて堅調かつ急速に上昇している．

この背景には農業あるいは農村部が密接に関連している．農村部の経済発展が国全体の生活水準の向上，さらには健康状態の改善に大きな役割を果たしている．この関係性は，農業から農村部も含む国全体の生活水準の向上・健康状態の改善という方向だけではなく，生活水準や健康状態の変化に伴い，農業や農村の果たす役割（期待される役割も含む）が変化するという逆の関係も生じており，双方向のダイナミックな関係がある．

本章では，これらの関係性について整理していくとともに，今後，持続可能な社会を構築するうえで，達成すべき最も重要な指標の 1 つである健康に，農業，農村あるいは食の果たすべき役割について解説する．

❈ 10-2 都市-農村間の連関の確立と健康問題

a. 体格・栄養・健康
(1) 体格の規定要因

身長のみならず，人の体格に影響を与える要因として，生物的要因，栄養摂取，生活環境，過去からの蓄積の4つがあげられる．生物的要因には遺伝など，生物として先天的に有する因子が含まれる．栄養摂取は文字どおり食事からの栄養摂取で，体格を決定づける最大要因である．生活環境は周囲の環境を示し，たとえば病気にかかりやすいと，病気への抵抗や回復のために栄養を摂取することが体格に影響が出るといったことを反映している．

過去からの蓄積は，出生時の乳児の体格に現れている．出生時の乳児は，栄養摂取や生活環境の影響を受けていないが，実際には個体差がある．これは，遺伝と母胎状態によると考えられる．とくに母胎状態は胎児に大きな影響を与え，出生時の体格を決定する重要な要因である．すなわち，胎児には，母親が曝されている生活環境や，それ以前の生活環境の蓄積が影響するのである．

(2) 栄養と健康

ここで，人の身体の維持や成長のための栄養については，栄養所要量＝身体の維持＋身体の成長＋疾病・傷害からの回復＋任意の活動，と考えることができる．これと，人の体格に影響を与える要因を考慮すると，体格は，栄養摂取（正の影響）から，任意の活動や疾病への罹患・抵抗時や疾病・傷害からの回復時に要する栄養消費（負の影響）を除いた，いわば，ネットの栄養摂取である「栄養状態」により決定されることがわかる．

開発途上国での栄養摂取では，栄養の質よりも量が重視される場合が多い．すなわち，カロリーの摂取である．十分なカロリーが摂取できないと，個々の栄養素はカロリーとして消費されてしまい，その特性が発揮されないからである．

栄養消費は，活動，ストレス，病気などによって決まってくる．経済発展の初期段階や開発途上国では衛生面の整備が行き届かないため，伝染病などにかかりやすい．かからなくても，健康を維持するために病原菌への抵抗が平素から必要になる．このように，疾病環境によって栄養消費が左右され，とくに経済発展が進展していないと，その消費量が大きなものとなる．

開発途上国では毎年，子どもを中心に，伝染病による死者が多数出ている．こ

れは単に伝染病だけによるものではなく，むしろ栄養不足との相互作用による場合が多い．この栄養不足と疾病の相互作用は，死に至らしめないまでも，学習能力や労働能力の減退を招き，身体にも大きな影響を与える．

b. 都市農村問題と健康

(1) 都市化の影響

上記 a 項で整理した体格の決定メカニズムや要因を踏まえて，図 10.1 を見てみると，成人男子の平均身長の低下は，栄養消費が栄養摂取を上回る負の栄養状態にあることを反映している．図 10.1 の時期は，産業革命に由来する急激な経済成長の時期を含んでいるため，その基礎となる農業生産も増大していたはずである．すなわち栄養摂取に反映される食料供給が，量・質ともに増大していたと考えられる．では，栄養消費はどうであろうか．

経済発展の初期段階や開発途上国では，衛生面の整備が行き届かないため，伝染病などにかかりやすい．病気にならなくても，健康体を維持するのに病原菌への抵抗が平素から必要になる．疾病環境によって栄養消費が左右され，その消費量は大きなものとなる．

このようなことから，図 10.1 に見られる成人男子の平均身長の低下は，衛生面の整備の不十分さや，伝染病などの疾病への罹患の危険度が高い結果と考えられる．そして，これらのことは都市化と大きく関連している．

(2) 都市部の変容

経済成長に伴って都市化が進展するが，これは農村部からの人口の流入による．農村部からの人口流入によって都市部の人口が稠密となり，それに住環境や衛生面の整備が行き届かない場合，都市部は伝染病をはじめとする疾病のプールとなり，栄養消費が増大することになる．

図 10.1 においてスウェーデンは他の諸国に比べて都市化率が低かったため，成人男子の平均身長の顕著な低下が見られなかったとされている．また日本は，都市化率の高さ以前に，都市部の衛生環境が欧米先進国の近代経済成長期に比して，良好であったことが指摘されている．

先史時代に都市が誕生して以来，農村部は，都市部の人口を支える食料供給はもちろん，労働人口の供給源の役割を担ってきた．交通あるいは流通網の発達に伴い，都市部には周辺や各地域の農村部から多様な食料が流入し，都市住民の栄養摂取は農村部に比して良好な状態となる場合が多い．少なくとも食料へアクセスする機会は提供される．これに対して，農村部は自らが生産する農産物を主と

する自給自足的な栄養摂取に依存し，量・質ともに都市部ほど良好ではないことが多い．これは現代の開発途上国でも同様であり，貧困緩和のための開発戦略において，農業生産性の上昇をはじめとする食料生産の増大は，主要な位置を占めている．

(3) 農村部の変容

一方，農村部における栄養消費はどうであろうか．経済発展の初期段階，あるいは都市化がそれほど進展していない段階では，農村部の栄養消費は都市部に比して良好である場合が多い．しかしながら，都市化が進み，交通網が発達するに従い，都市部で醸成された伝染病が農村部へと伝播し，農村部の栄養消費は徐々に悪化していく．その結果として，栄養状態から見た農村部の健康は，食料および労働人口を都市部に供給する役割を担うにもかかわらず，栄養摂取，栄養消費ともに都市部に比して劣悪な状態となる．

図10.2は，戦前から終戦直後にかけての日本における赤痢の罹患率・死亡率，および各都道府県の都市人口比率の分布を示したものである．この図からわかるように，1930〜1935年平均の赤痢死亡率分布と1938〜1944年平均の赤痢罹患率分布は，当時の経済先進地域である近畿地方や東京，神奈川近郊等で高い値を示し，中部や東北・北海道地方は，相対的に低い値となっている．

1940年の都市人口率と1938〜1944年平均の赤痢罹患分布率とを比較すると，

日本における赤痢罹患率図（1938〜1944年平均）

日本における赤痢死亡率分布図（1930〜1935年平均）

日本における赤痢罹患率図（1945〜1946年平均）

都市人口比率図（1940年統計）

図10.2 日本における赤痢の罹患率・死亡率・各都道府県の都市人口比率の分布

両者にある程度の相関関係があることが推察される．両者の相関係数を推計すると 0.6 となる[3]．これに対して，1945 〜 1946 年平均の赤痢罹患率分布は，様相を異にする．それまで赤痢罹患率が低い地域であった東北や中部地方が高い値を示している．これは，第 2 次世界大戦により生じた疎開，終戦後の復員・引揚，闇取引などにより人口移動が活発化したことによるとされる[3]．終戦の影響はあったとしても，人口移動が都市部の伝染病を農村部に持ち込んだことは間違いない．

日本は，1900 年前後の近代経済成長初期では，農村部が都市部に対して伝染病の疾病環境は良好であったが，近代経済成長が進展していくにつれ，都市部で醸成された伝染病が農村部へ伝播することで疾病環境の攪乱が生じ，農村部の都市部に対する疾病環境の良好さが失われたことが指摘されている[11]．また，1900 〜 1935 年は，大都市を含む府県の周辺，とくに当時の経済先進地域である大阪，京都，兵庫を中心とした近畿・中国の周辺が伝染病の相対死亡リスクが高いことも指摘されている[8]．これらのことから，日本も経済成長に従った農村部の栄養消費の悪化を経験していることがわかる．

以上は，先進諸国が経済発展の過程で経験したことであるが，現代の開発途上国農村部にもあてはまる．すなわち，開発途上国農村部における貧困緩和を中心とする開発戦略は，これらの栄養摂取および栄養消費双方に対応する必要があることになる．

❄ 10-3　現代の食と健康をめぐる問題

a. 肥満と非感染性疾患の増大

(1) 栄養不良の二重負荷

次に現代の食と健康をめぐる問題を見ていこう．図 10.3 は，発育不良 (stunting) と過体重 (overweight) の 5 歳未満児の数を，それぞれ地域別に示したものである．発育不良は減少傾向にあるものの，地域による差が見てとれる．アフリカは発育不良が増大した唯一の地域である．しかし一方で，過体重が世界中で急激に増加していることもわかる．これは，「栄養不良の二重負荷」(double burden of malnutrition) と呼ばれる現象で，低栄養と過栄養が同じ集団内に存在することを示している．さらに，これに微量栄養素の欠如等が重なる場合を栄養不良の三重負荷と呼んでいる．開発途上国でも，栄養不良の二重負荷および三重負荷が生じている[9]．

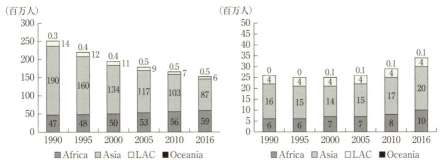

図 10.3　5 歳未満児の発育不良（左）と過体重（右）（1990～2016 年）（Global Nutrition Report, 2017[2]）を改変）

(2) 非感染性疾患

図 10.4 は，成人の肥満・高血圧・糖尿病の人口割合を地域別に示したものである．高血圧・糖尿病は，非感染性疾患（NCDs：non-communicable diseases）と呼ばれる．NCDs は，これら 2 つ以外にガンや循環器疾患なども含むが，死亡要因の第 1 位を占め，世界的にも対策が必要とされている．2011 年 9 月の国連ハイレベル会合では，国際社会が協力して NCDs に取り組むべきだとする政治宣言が採択された．それを受けて，2013 年 5 月に，世界保健機関（WHO：World Health Organization）が「NCDs の予防と管理に関するグローバル戦略の 2013 年～2020 年行動計画」を策定した．

2018 年 9 月の NCDs に関する国連ハイレベル会合では，国連加盟国のこれまでの取組みの進捗について議論された．図から明らかなように，アジア，アフリカといった開発途上国を含む地域でも，肥満，高血圧，糖尿病のいずれの人口割合も高い．肥満，NCDs とも，様々な要因が指摘できるが，その中の大きな要因として不適切な食事をあげることができる．

b. 現代日本における食と健康

現代の食，あるいは農業と健康をめぐる問題について概観してきたが，日本における現代の食と健康をめぐる問題についても見てみよう．

肥満の指標としては，体格指数（BMI：body mass index）を用いることが多い．BMI は体重（kg）÷身長（m）^{2} で算出した数値である．日本人の平均 BMI の推移を見ると，男性の高年齢層では値が高く，いわゆるメタボリック症候群の増加が危惧されるのに対して，女性の若年層の BMI の低下が著しいことが指摘さ

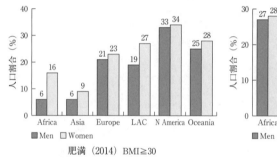
肥満（2014）BMI≧30

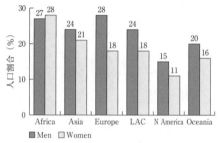
高血圧（2015）

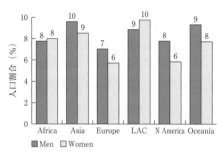
糖尿病および高血圧（2014）

図10.4 成人の肥満・高血圧・糖尿病の人口割合（Global Nutrition Report, 2017[2]）を改変）

れている[9]．図10.5は，やせすぎ女性（BMI＜18.5）の割合と，1人当たりGDPとの関係を国際比較したものである．おおよその傾向として，1人当たりGDPが増加すると，やせすぎ女性の比率は低下する．これは，いうまでもなく経済成長に従って栄養状態が改善することによる．

ただし，日本ではやせすぎ女性の比率が極端に高く，他の国々とは異質な傾向を示している．栄養摂取や栄養消費の体格に与える影響を考えると，栄養消費が栄養摂取を上回っていることもありうるが，現代の日本においては伝染病をはじめとする疾病環境が劣悪であることは考えられない．すなわち，これは栄養摂取の問題，すなわち食生活の問題に帰することができる．

先に整理したように，母胎の状態は胎児に影響する．図10.6は，日本における低出生体重児の推移を示したものである．医学的な検証は，まだ不十分であるとされるが，若年層の女性のBMIの低下に合わせるように低出生体重児は増加している．低出生体重児は，将来の健康リスクが指摘されている．すなわち，現在の状況が母胎を通じ，将来世代にまで影響を及ぼす可能性があると考えられるため，

10-3 現代の食と健康をめぐる問題

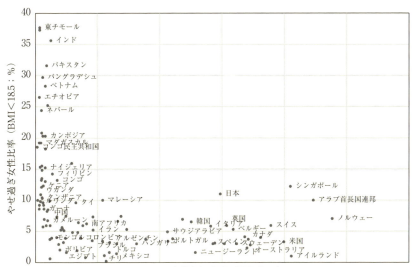

図 10.5 やせすぎ女性比率と 1 人当たり GDP の関係の国際比較
やせ過ぎ女性（BMI 18.5 未満）の比率はデータが得られる最新年．1 人当たりの
GDP は 2007 年の数値．実線は対数近似回帰線．
WHO GROBAL DATABESE ON BODY MASS UNDEX（BMI）より作成．
1 人当たりの GDP は，World Bank, World Development Indicators.
日本は厚生労働省「平成 21 年国民健康・栄養調査（概要）」．

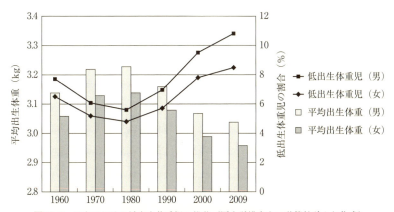

図 10.6 日本における低出生体重児の推移（厚生労働省人口動態統計より作成）
低出生体重児は出生時体重が 2.5kg 未満の乳児．

問題は深刻である．

❖ 10-4　食と健康のデザインに向けて

　農業・農村部は，他産業や都市部に対して，食料と労働とを供給する役割を担っており，それは経済発展ひいては生活水準の向上の礎である．しかしながら，これらの役割を担うにもかかわらず，経済発展に伴った疾病環境の攪乱による栄養消費の増大は，相対的に劣悪な栄養摂取と相まって，農村部の住民の健康状態の改善を困難にしてきた．これまで，開発途上国の食あるいは農業に関する開発戦略は，その量の充足に重きをおいてきた．疾病環境の攪乱など衛生環境に関連したことがらは，同じ貧困緩和を主眼としつつも，別に扱われてきた．
　これらは健康という観点から見ると，同時に扱われるべきであろう．しかしながら，担当する省庁や機関等が異なることなどもあり，相互の連携がとりにくくなっていた．結果として，食料・農業生産の増大のために導入された灌漑設備が，マラリアの発生を増加させるといった事態が生じた．また，近年，栄養不良の二重負荷や，開発途上国における肥満・NCDsの増加が起こっており，これまでは栄養不良を対象とした食料・農業政策を中心としていたものが，同時に，適切な栄養摂取のための食料・農業政策にも取り組まなくてはならなくなっている．問題がより一層，複雑化しているのである．
　しかも，肥満やNCDsへ対応した適切な栄養状態には，食料・農業生産の増大のための政策や開発戦略，いわば供給側のみを考慮するだけでは不十分である．肥満やNCDsにつながる栄養摂取には食習慣や嗜好が影響することから，需要側へのアプローチが必要なのである．
　これら栄養摂取あるいは需要の形成には，グローバリゼーションをはじめとする国境を越える食料の流通網の発達が影響している．従来の食習慣にはない食料へのアクセスが可能となることで，新たな食習慣や嗜好が形成される．食の西洋化といわれるものもこれに含まれるであろう．結果として，従来の食料・農産物に立脚した伝統的な食習慣が変容するとともに，農村部がそれに対応できない場合，都市-農村間の連関は弱まることとなる．近年，都市部の住民あるいは消費者と，農村部あるいは農業生産者との距離が遠くなり，お互いがお互いの状況を把握することができなくなっており，都市-農村間の新たな連関のあり方が模索されている．先に指摘したように，問題はより一層複雑化しており，これまで整理

してきた視点からの総合的な対応が求められよう.　　　　　　　　　　〔松田浩敬〕

文　　献

1) Floud, R. *et al.*（1990）：*Height, Health and History*, pp.140-148, Cambridge University Press.
2) Global Nutrition Report（2017）：Nourishing the SDGs.
3) 堀口友一（1950）：地理学評論, **23**（2-5）：42-49.
4) Inclusive Wealth PROJECT（2017）：INCLUSIVE WEALTH.
 http://www.managi-lab.com/iwp/iwp_iw.html
5) 国連大学 地球環境変化の人間・社会的側面に関する国際研究計画・国連環境計画編（2014）：国連大学 包括的「富」報告書 自然資本・人工資本・人的資本の国際比較, 明石書店.
6) 国連開発計画（UNDP）駐日代表事務所（2017）：人間開発報告書2016「すべての人のための人間開発」.
 http://www.jp.undp.org/content/tokyo/ja/home/library/human_development/human_development1/hdr_2016.html
7) 厚生労働省（2014）：厚生労働白書.
8) 松田浩敬（2004）：2004年度日本農業経済学会論文集, pp.250-255.
9) 松田浩敬（2018）：現代農学概論―農のこころで社会をデザインする―（森田茂紀編）, pp.24-28, 朝倉書店.
10) 陸軍省（各年版）：陸軍省年報.
11) 斎藤　修（1989）：経済研究, **40**（4）：339-356.
12) Steckel, R. H., and Floud, R. eds.（1997）：*Health and Welfare During Industrialization*, The University of Chicago Press.
13) United Nations Development Programme（2018）：Human Development Report.
 http://hdr.undp.org/en/content/human-development-index-hdi

〈第4部　生活と社会のデザイン〉

第11章　植物による生活デザイン

　植物との関係には，植物を栽培しないで他の行為を通した関係と，植物を栽培する行為を通した関係に大別できる．本章では，最初に現在の地球上でヒト（*Homo sapiens*，人間を生物種として示す場合は「ヒト」と表記）のみが行う植物を愛でる行為を考え（11-1節），次に栽培を伴わない植物による生活デザイン（11-2節），植物を栽培する行為である園芸による生活デザイン（11-3節）について解説する．

❈ 11-1　植物を愛でる行為とは

a.　バイオフィリックデザイン

　エドワード・オズボーン・ウィルソン博士は，自身が議長を務めた全米アカデミーのシンポジウム（1987年）において生物多様性（biodiversity）という言葉を最初に使用したことから，生物多様性の父とも称されている．ウィルソンの研究分野は，社会性昆虫アリの自然史および行動生物学の研究業績の知見を活かし，人間の起源，人間の本性，人間の相互作用の研究と幅広い．

　ウィルソンは，ドイツの社会心理学者エーリヒ・フロムが最初に提唱したバイオフィリア（biophilia）という考えを継承し，生命もしくは生命に似た過程に対して関心を抱く内的傾向と定義した[12]．すなわち，私たち人間は，幼い頃から，自発的に人間や他の生き物に関心を抱くとしている．バイオフィリアは，欧米諸言語で生命を意味するバイオ（bio）とラテン語で愛を意味するフィリア（philia）の2語からなる造語であり，日本では生命愛もしくは生物愛好と訳されている．

　ウィルソンは，私たち人間が自然および他の生物に抱く愛着は生得的な性質であり，ヒトの遺伝子に組み込まれている可能性があるとし，バイオフィリア仮説（biophilia hypothesis）として実証試験も試みている．

　私たち人間が植物を食料としてだけでなく，そこに審美的価値を見出すのは，

このバイオフィリアという内的傾向と考えることができる．

　自然や，自然との結びつきを取り入れたデザインは，バイオフィリックデザイン（biophilic design）と呼ばれる．都市における室内緑化や屋上緑化，壁面緑化（図 11.1），ビオトープなどは，生活における植物との結びつきを図るバイオフィリックデザインと考えることができる．今後，私たちの生活空間である家庭や職場，商業施設，学校，病院など，バイオフィリックデザインに基づく生活デザインが展開されることが予想される．

b. 本能的美意識と文化的美意識

　私たちの暮らしの中を見渡すと，植物は食料として利用するだけではなく，暮らしの彩りを豊かにするために，植物やその栽培，利用に至るまで，あらゆるところで関係している．植物自体の利用だけではなく，絵画や工芸品などの美術品や日常生活品の意匠（デザイン）として利用していることも多い．

　現在の地球上で，花を美しいと感じる生命体は私たちヒトのみである．植物および園芸の文化を考える上で，衣食住のように実用的な植物への関心ではなく，ヒトのみが感じる「花の美しさ」を避けて考えることはできない．

　この花が美しいと感じる美意識には，本能的美意識と文化的美意識があるとされる[5]．本能的美意識は，本来備わっている内的傾向であるバイオフィリアと考えられる．

　一方，文化的美意識として花の美しさを感じる際は，その文化的背景を理解しないと感じることはない．たとえば，盆栽（図 11.2）は日本で独自に生まれた芸術とされ，その観賞には樹形美，古色，風格を主眼に全体の美しさを愛でる必要があり，海外における普及にはその文化的背景の理解が不可欠である．

図 11.1　壁面緑化に見るバイオフィリックデザイン（東京都内）

図11.2　ミヤマビャクシン（真柏^{シンパク}）の盆栽（推定樹齢250年以上）
樹皮を剥ぎ取り，古色を醸し出した盆栽

このように，植物や園芸を生活の中で活用する場合，本能的美意識と文化的美意識の両者を意識して活用する必要がある．

c. 文化的美意識のはじまり

(1) 死者へ花を手向けた古代人類

アメリカ，コロンビア大学のラルフ・ソレッキ博士は，1951年から1960年の間，イラク北東部のトルコ国境に近いシャニダール洞窟において4回の発掘を行い，ネアンデルタール人（*Homo neanderthalensis*）の6体の化石骨格を発見した．第4次調査が行われた1960年，4番目の化石骨格が発見され，「シャニダール第4号骨格」と名づけられた．

シャニダール第4号骨格は約6万年前のものとされる成人男性のもので，発掘の際，採取された土壌標本はパリの先史学研究センターの古植物学者アルレット・グロア＝グーランのもとに送られて，分析された．その結果，土壌標本に大量の花粉が見つかった．花粉はかたまった状態で見つかり，一部は葯に入ったように見えるものもあった．骨格周辺の土壌の花粉分析から，葯の状態で見つかったものとして，キク科のノコギリソウ属の1種，ケンタウレア・ソルスティティアリス，サワギク属の1種，キジカクシ科ムスカリ属の1種，マオウ科エフェドラ・アルティッシマと，他に2種の同定できない大量の花粉が見つかった．また，花粉塊ではなくばらばらの状態でアオイ科タチアオイ属の1種の花粉が多数見つかった．

洞窟の中で花粉が発見された理由として，風や動物などによる混入が考えられ

る．しかし，薬の状態で洞窟に混入したと考えると，風や動物が原因であるとは考えにくい．このことから，シャニダール第4号骨格は花とともに埋葬されたと考えられている[9]．死者を手厚く埋葬し，花を手向ける文化をもつネアンデルタール人を，ソレッキは「The First Flower People（最初に花を愛でた人びと）」と名づけた．

ただし，ネアンデルタール人の他の墓から花を手向けられたと考えられる痕跡が見つかっていないなど，異論も多い．また，シャニダール第4号骨格の遺跡には，げっ歯類が種子などを貯蔵しておくためと推測される複数の穴があり，小動物により花粉が混入した可能性もある．

近年，ヒト（*Homo sapiens*）による事例が発見された．1万5000〜1万1600年前の中石器時代，現在のイスラエル，ヨルダン，レバノン，シリアで栄えたナトゥーフ文化が栄えた．イスラエル北部カルメル山の洞窟にある約1万2000年前の墓地において，ミントやセージといった香りのある草花の痕跡が柔らかい泥に刻まれていた．花で飾られた墓は4基並び，1つには2遺体（成人男性と性別不明の若者）が埋葬されており，墓に植物を持ち込んだ最初の例であると報告されている[4]．

すなわち，数万年前から，私たちの祖先は，植物への文化的美意識をもっていたと考えることができる．

(2) 古代都市ポンペイに見る花の文化

イタリア，ナポリ近郊にあった古代都市ポンペイは，ローマ人の余暇地として繁栄したが，西暦79年のヴェスヴィオ火山噴火による火砕流によって地中に埋没した．18世紀に発掘が開始され，ポンペイとその周辺の別荘からは多数の壁画が発掘されている．火砕流堆積物にシリカゲルに似た成分が含まれたため保存状態がよく，当時の面影をよく残している．その中の1つに，印象深い壁画がある．「花を摘むニンフ」または「フローラ」（ナポリ国立博物館蔵）と呼ばれるもので，ニンフ（ギリシャ神話に登場する妖精）またはフローラ（花の精）を思わす女性が，白い小さな花を咲かせた植物を摘み，左手に大きな花瓶に入れている後ろ姿を描いていたものである．花瓶に花を入れていることから，観賞用と推測される．

発掘された遺跡は世界遺産に指定されているが，最近の調査により，古代都市ポンペイの庭園面積は少なくとも20%を占めていたとされる．1世紀の時代といえば日本では弥生時代に当たるが，この頃から古代都市ポンペイでは植物を愛するとともに，バイオフィリックデザインに基づいた都市計画が行われていたと考

えられる．

❖ 11-2 植物による生活デザイン

a. 病室の窓からの景観

アメリカ，ペンシルバニア州の病院において，1972年から1981年に胆嚢除去手術を受けた患者の入院記録をもとに，次のような調査を行った．すなわち，年齢や性別，家族構成，肥満か肥満でないか，喫煙者か非喫煙者かなどがほぼ同じ23組のペアを抽出し，一方は窓から落葉樹が見える病室（落葉樹病室），他方はレンガ塀しか見えない病室（レンガ塀病室）を比較した[10]．

その結果，入院して2～5日目において，落葉樹が見える集団の方が，鎮痛剤の平均使用量が優位に減少した（表11.1）．入院0～1日目と6～7日目では平均使用量に有意な差は認められなかったが，前期は痛みが激しい期間であること，後期は痛み自体が少なくなり，両群とも使用量が減少していることによる．

また，入院日数は，落葉樹が見える集団が7.96日に比べ，レンガ塀しか見えない集団は8.70日となった（表11.2）．さらに，看護師の記録による患者1人当たりのネガティブコメント数（痛みや不安感）は，落葉樹が見える集団が1.13コメントに比べ，レンガ塀しか見えない集団は3.96コメントとなった（表11.2）．

表 11.1 窓からの景観が痛み止め使用量に及ぼす影響（Ulrich, 1984[10] を改変）

鎮痛剤の強さ	使用量[注]							
	0～1日			2～5日			6～7日	
	レンガ塀	落葉樹		レンガ塀	落葉樹		レンガ塀	落葉樹
強	2.56	2.40		2.48	0.96		0.22	0.17
中	4.00	5.00		3.65	1.74		0.35	0.17
弱	0.23	0.30		2.57	5.39		0.96	1.09
平均	2.26	2.57	ns	2.90	2.70	*	0.51	0.48	ns

注） ホテリングのt検定により，*は1％水準で有意差あり，nsは有意差なしを示す．

表 11.2 窓からの景観が退院までの日数，看護師のネガティブコメント数に及ぼす影響（Ulich, 1984[10] に加筆）

	レンガ塀	落葉樹	p値	有意差[注]
入院日数（日）	7.96	8.70	0.025	**
ネガティブコメント数／患者数	3.96	1.13	<0.001	*

注） ウィルコクソンの符号付順位検定により，*は1％水準，**は5％水準で有意差ありを示す．

図 11.3 窓からの景観が配慮された病院の一例（東京都）

これらの結果は，落葉樹病室の患者がレンガ塀病室の患者に比べて，痛みや不安が軽減されており，より早く回復することを示している．すなわち，植物の視覚情報に治療的効果がある可能性が示唆された．

このため，この論文が発表されてから，病院内および病院周辺の景観については，十分に配慮するように考えられるようになった（図 11.3）．植物による生活デザインにおいて，視覚情報だけでも人に大きな影響を及ぼすことを理解する必要がある．

b. 注意回復力理論

人間の精神的疲労やストレスを和らげ，疲労からの回復を促進する効果をもつ環境は，回復環境（restorative environment）と呼ばれる．このような環境の回復効果については，注意力回復理論（attention restoration theory）という学説が提唱されている[1]．

この理論によれば，人間には意図的な集中が必要な注意（意図的注意：仕事や自動車運転など）と，意図的な集中を必要としない注意（自動的注意：美しい眺めを眺める）の，2つの注意システムがあることに基づいている．意図的注意が必要な作業を長時間行うと精神的疲労が引き起こされるといわれている．しかし，このような精神的疲労は自動的注意が働いている間に回復する効果があるとされている[1]．

環境が回復的であると感じられるかどうかは，以下に示す逃避（being away），魅了（fascination），広がり（extent），適合（compatibility）の 4 要素が大きく影響しているとされる．

① 逃避：日常の出来事から離れ，リフレッシュできると感じられるか
② 魅了：人々の心を奪い，興味を引き付けるような特徴がその環境に含まれているか
③ 広がり：環境の広がりや環境の豊かさ
④ 適合：その人の目的やその人のとろうとしている行動に，その環境がどの程度適しているか

注意回復理論に基づく環境の回復特性を評価する尺度が開発され，日本語版も作成されている．この尺度を使用した評価によると，自然風景の「小道」と「広場」と，都市風景の「街路樹」と「高層ビル」で比較すると，自然風景の「小道」が最も回復特性が高かった[8]．

以上のように，植物を利用した景観をつくる場合，利便性だけではなく，精神的疲労やストレスを和らげるという心理面においても配慮する必要がある．

11-3 園芸による生活デザイン

a. 生活の中の園芸の現状

園芸は，英語の「horticulture」の訳語で，horticulture はラテン語の hortus（囲うこと，または囲まれた土地の意）と cuitura/colere（栽培，耕作の意）に由来する．これは，明治以降に作られた比較的新しい用語で，1878年発行の『英和辞彙』に horticulture の訳語として「園藝」が使用されている．園は囲われた土地を，藝は植物を植えるという意味である．1949年に当用漢字が定められ，新字体「園芸」となった．

このように園芸は，囲いをしたところで，果樹や野菜，花などの観賞植物を集約的に栽培することを意味している．一方，農業は英語の agriculture の訳語で，ラテン語の agri（agre の複数形，平らな土地，自己所有の土地）と cuitura/colere（栽培，耕作の意）に由来し，広い土地で比較的粗放な栽培を行うことを意味している．

本章では，一般市民が植物を栽培する園芸について考えることとする．

『レジャー白書』は，全国調査に基づいて，わが国における余暇の実態を需給双方の視点から総合的・時系列的にとりまとめている．2017年の調査結果で日本人に人気の高い活動を見ると（表11.3），園芸・庭いじりは5位であり，第1～4位は音楽または映画鑑賞であった．年間平均活動回数は35.4回（第2位）となっ

表11.3 『レジャー白書』の趣味・創作部門の参加人口上位5種目における余暇活動への参加・消費実態（2017）

	参加人口（万人）	年間平均活動回数（回）	年間平均費用（円）	1回当たり費用（円）	参加希望率（％）
映画（テレビは除く）	3420	34.1	7600	800	32.0
音楽鑑賞（配信，CD，レコード，テープ，FMなど）	3190	31.8	9300	160	26.4
ビデオの観賞（レンタルを含む）	2660	26.5	10400	400	16.8
音楽会，コンサートなど	2350	5.1	21400	4200	28.8
園芸，庭いじり	2330	35.4	15100	430	22.7

ており，平均すると10日に1回程度は行っていることになる．また，1回当たりの費用は430円で，音楽会，コンサートなどの4200円と比較して身近な活動といえる．年代別参加率で見ると，60歳代の男性で30.7％，女性で40.2％，70歳代の男性で47.7％，女性で57.0％であり，70歳代では約半数が園芸活動を行っていることになる．

さらに，農園（市民農園など）においても，参加人口は350万人，年間余暇活動回数30.6回，参加希望率は8.5％と報告されている．これらのことからも，園芸とくに高齢者層には余暇活動として定着していると考えられる．

b. 園芸によるQOLの向上

(1) 園芸活動と生活満足度

Quality of Life（QOL）は，通常，生活の質，人生の質，生命の質と訳されるが，Lifeが意味する範囲が生命から日常生活，生き方，人生までと広く，その解釈も多様である．WHO（世界保健機関）によると，「個人が生活する文化や価値観のなかで，目的や期待，基準及び関心に関わる，自分自身の人生の状況についての認識である」と定義される．QOLには主観的要因（主観的満足度など）と環境的要因（住環境など）の2要素が関連している．園芸活動が日常生活における満足度の向上に効果があることも報告されている[11]．

生活満足度の評価には，生活満足度尺度Aに基づく20質問項目（表11.4）を用い，園芸愛好家と園芸非愛好家を比較した．生活満足度尺度Aは，幸福な老いを測定評価するために開発された尺度であり，生活満足度を生きることへの熱意，決断と不屈さ，目標と現実の一致，肯定的自我概念，楽観性の5つの観点から評価する．積極的な回答には3点，消極的な回答には1点，わからない（中立）には2点を付与して生活満足度得点とした．この場合，評価点は60点満点で，最低

表11.4 生活満足度尺度A（LSIA）による園芸愛好家と非園芸愛好家との生活満足度の比較（Waliczek et al., 2005[11] を改変）

	園芸愛好家 ($n=220$)（％）			非園芸愛好家 ($n=223$)（％）			有意差
	はい	わからない	いいえ	はい	わからない	いいえ	
年を取るにつれて，思ったより物事がうまくいくと思う	24.7	12.3	63.0	23.4	19.7	56.9	
人より人生における変節が多いと思う	23.3	14.6	62.1	17.6	19.9	62.5	
今が私の人生の最もつまらない時である	76.5	7.8	15.7	63.7	15.8	20.5	*
若かった時と同じくらい幸福である	32.7	12.0	55.3	39.8	5.1	55.1	
私の人生は，今よりもさらに幸福になると思う	37.6	14.2	48.2	31.9	18.1	50.0	
今が人生の最もよい年である	32.6	14.7	52.8	31.7	25.7	42.7	
私がする事のほとんどは退屈で，単調である	85.7	4.1	10.1	74.2	11.1	14.7	*
興味深く，楽しい事が未来に起こることを期待している	6.9	19.0	74.1	6.4	28.3	65.3	
行っていることが，以前と同じように興味深い	18.5	5.1	76.4	18.3	8.9	72.8	
私は高齢で，多少疲れると感じている	59.3	7.4	33.3	49.8	8.8	41.4	
自分の年齢を感じるけれども，そのことで悩むことはない	25.7	3.2	71.1	25.6	3.6	70.9	
人生を振り返る時，満足している	9.6	4.6	85.8	12.1	4.7	83.3	
私の過去を変更することができたとしても，変更しない	37.8	11.5	50.7	31.6	15.8	52.6	
私は日常生活のために十分なエネルギーを持っている	20.2	4.6	75.2	31.6	10.7	57.7	*
私くらいの人に比べて，私はよい外見をしている	6.9	11.0	82.1	7.4	18.5	74.1	
1カ月間または1年間の計画を作った	24.3	8.7	67.0	36.4	11.7	51.9	*
人生を振り返り，私が望んでいた重要なもののほとんどを得なかった	66.4	8.8	24.9	57.7	14.6	27.7	
人に比べて，私はあまりにもしばしばふさぎ込む	81.9	6.5	11.6	75.5	9.3	15.3	
私は，だいたい，私が予期していたものを人生から得ることができた	20.5	10.7	68.8	22.9	12.8	64.2	
誰がなんと言おうと，世界のほとんどの人々は全体に優しい	9.3	6.9	83.8	10.1	11.5	78.4	

積極的な回答には3点，消極的な回答には1点，わからない（中立）には2点を付与した分散分析により，*は5％水準で有意差があることを示す．

点が20点となる．

その結果，生活満足度得点は非園芸愛好家に対し，園芸愛好家の方が有意に高いことが認められた．また，質問項目のうち，今が私の人生の最もつまらないときである，私がすることのほとんどは退屈で，単調である，私は日常生活のために十分なエネルギーをもっている，1か月間または1年間の計画を作ったという質問項目では，園芸愛好家の方が人生に対して積極的な回答が有意に多かった．

以上のように，園芸活動を行うことで，QOLにおける主観的要因である生活満足度が向上することが示唆されている．

(2) 園芸活動の経験年数

園芸活動は育てた作物を収穫することが自信となり，グループで作業することで帰属感や責任感が養われ，社会性を保つことにもつながるとされている．園芸活動の経験年数と生活満足度および社会活動との関連性についても報告されている[2]．

生活満足度の評価には生活満足度尺度Kに基づく9質問項目を用いた．生活満足度尺度Kは，生活満足度尺度Aと同様に，幸福な老いを測定評価するために

開発された尺度であり，人生全体についての満足感，老いについての評価，心理的安定の3下位次元から構成されている．社会活動評価に用いた社会活動尺度は6質問項目あり，人の集まる場への参加，趣味や娯楽の2下位次元から構成されている（表11.5）．両尺度ともに積極的な回答順に4～1点を付与し，それぞれ生活満足度得点，園芸経験年数が6年未満の愛好家と6年以上の愛好家について比較を行った．

その結果，生活満足度得点については有意な差は認められなかったが，社会活動得点については園芸活動が6年未満に比べ6年以上の方が有意に高かった（表11.6）．また，園芸経験年数と社会活動尺度の各項目との関係を見ると，近所づきあいはよくする，町内会や自治会活動には積極的に参加するにおいて，園芸活動が6年未満に比べ6年以上の方が有意に高く（表11.5），園芸経験年数が長いほど人とのつながりが多い傾向があった．なお，生活満足度尺度Kを用いた報告[6]と比べると，園芸活動を行う対象者は園芸経験年数にかかわらず高いことも示唆されている．

以上のように，園芸経験年数にかかわらず，園芸経験者は生活満足度が高く，

表11.5 園芸経験年数と社会活動尺度との関係[2]

項目	項目得点[注1] 6年未満	6年以上	p値[注2]	
近所づきあいはよくする	2.4	3.0	0.001	**
地域の行事（お祭り，盆踊りなど）によく参加する	2.3	2.6	0.107	
町内会や自治会活動には積極的に参加する	2.1	2.7	0.002	**
ボランティア活動はよくする	2.6	2.9	0.059	
特技や経験を他人に伝える活動によく参加する	2.3	2.7	0.060	
各種講座，研究会，講演会には積極的に参加する	3.2	3.3	0.165	

注1） 積極的な回答順に4～1点を付与して得点化した．
注2） **は，マン・ホイットニーのU検定により，1%水準で有意差ありを示す．

表11.6 園芸経験年数による生活満足度得点と社会活動得点[2]

		生活満足度得点[注1]	p値[注2]	社会活動得点[注1]	p値[注2]	
園芸経験年数	6年未満	3.0	0.490	2.5	0.005	**
	6年以上	3.1		2.9		

注1） 積極的な回答順に4～1点を付与して得点化した．
注2） **は，マン・ホイットニーのU検定により，1%水準で有意差ありを示す．

園芸活動に長く携わっている人ほど，社会活動が活発で，とくに人の集まる場により積極的に参加する可能性が示唆された．

〔土橋　豊〕

文　献

1) 羽生和紀（2008）：環境心理学，pp.163-179，サイエンス社．
2) 原　千明・土橋　豊（2016）：人植関係学誌，**16**（別）：58-59．
3) ルイス，チャールズ・A 著，吉長成恭監訳（2014）：植物と人間の絆，創森社．
4) Nadel, D. *et al.* (2013)：*PNAS*, **110**：11774-11778．
5) 中尾佐助（1986）：花と木の文化史，pp.2-23，岩波書店．
6) 岡本秀明（2008）：日本公衆衛生雑誌，**55**：388-395．
7) レルフ，ダイアン編，佐藤由巳子訳（1998）：しあわせをよぶ園芸社会学―生活を豊かにする植物と園芸の活用術―，マルモ出版．
8) 芝田征司他（2006）：*MERA Journal*，**21**：1-10．
9) ソレッキ，R. S.，香原志勢・松井倫子共訳（1977）：シャニダール洞窟の謎，pp.203-236，蒼樹書店．
10) Ulrich, R. S. (1984)：*Science*, **224**：420-421．
11) Waliczek, T. M. *et al.* (2005)：*HortScience*, **40**：1360-1365．
12) ウィルソン，E. O.，狩野秀之訳（1994）：バイオフィリア，pp.7-8，平凡社．

第12章　動物による生活デザイン

　私たちは生活で様々な生き物と出会う．その中でともに暮らして私たちに安心感や張り合いを与えてくれる生き物として，家庭で飼育する動物，いわゆるペット（愛玩動物，伴侶動物）をあげることができる．ペットは私たちと双方向性の交流ができるので，信頼関係を結ぶことで，私たちの生活の役に立つ存在になる．ペットが私たちの生活にもたらしてくれる恩恵は，飼い主だけにとどまらず，そばにいる人たちにも及ぶ．本章では，人と密接に関わる動物がもたらしてくれる効果を概説し，その効果を積極的に利用した動物に関わる活動について解説する．そして，そのような動物に関わる活動を可能にする背景から，今後に向けたよりよい人と動物の関わりの展望につなげたい．

❋ 12-1　動物から得られるもの

　動物による効果には，飼育する飼い主が得るものと，飼い主でなくても動物に触れるなどして関わることで得られるものとがある．

a.　動物を飼育する効果

　動物をペットとして家で飼育すると，毎日必ず動物の世話をしなければならない．そのために飼い主は身体を動かすことになって，ペット飼育は飼い主の生活にリズムとメリハリをもたらすものになる（身体的効果）．ペットがそばにいると，飼い主の血圧が低下したり，抗ストレス作用をもつホルモンの値が上昇する一方，ストレスによって分泌するホルモンの値が低下する（生理的効果）．ペットは飼い主を人間社会の地位や経済状態，年齢などで区別をすることはない．ペットにとって大切な相手は，自分に餌を与えたり毛づくろいをしてくれるなど，世話をしてくれる人である．ペットは人間の言葉を話さないので，ペットが飼い主を批判することはない．そのためペットは，子どもにとって自分を批判する恐れがなく，悩みを打ち明けても親や教師に告げ口したりしない安心できる存在にな

る（心理的効果）．高齢者にとっては，ペットの存在は日々の活動を維持するきっかけになるだけでなく，自分の年齢に関わりなく自分の存在を必要としてくれるため，心理的安心と生理的安定を与えてくれる．

さらに，ペットを世話することは，社会的な面にも効果が見られる．ペットを飼うと家族間で会話が増えて家族関係の改善になる．ペットを連れていると声をかけられやすくなって，他人との会話が増える（社会的効果）．このような効果は，動物から得られる恩恵としてわかりやすい．動物との交流は即時的で，双方向であり，触れあうことによる触覚刺激や嗅覚刺激も加わって，ガーデニングなどで関わる植物よりはるかに強い人への働きかけになる．ただし，動物ごとにその動物特有の行動があるので，周囲からの刺激に対して動物は人の予測を超える反応をすることがあるため，楽しい驚きがある反面，人の安全を脅かす危険な存在にもなりうる．

b. 動物と関わる効果

動物を飼育しなくても，動物と関わるだけで，すなわち，そこにいる，あるいは触れるなど，関わる機会をもつだけでなにがしかの効果が認められる．

動物がいると会話が促進されると先に述べたが，人間どうしは，特定の人を話題や注目の対象にするとどこかに軋轢が生じるが，動物を対象にすれば軋轢は生じない．自分の飼育している動物でなくても動物がいることで動物を話題にすることができて，人間どうしの間に生じる摩擦が緩和されたり（社会的緩衝作用），会話が促進されて人間どうしの関係が円滑になって交流が生まれる（触媒作用）．

たとえば，小学校の教室で児童が飼い主の連れたイヌと触れあったり，教員が飼育しているイヌを教室に連れてきて触れあう機会を設けると，児童どうしの諍いやいじめが減少し，教室の雰囲気が改善されることが見出されている．これは，私たちも含めて生き物が周囲を感じて反応することによる．生き物はどれも生きるために周囲の状況を感じて反応する．相手の動きを見たり，匂いを嗅いだりして相手の様子に則して反応する．そして相手の反応を受けて次の反応を起こす．

生き物どうしの反応は双方性なのである．生育に時間を要する動物がもつ周囲を感知する能力は，生来の感受性や育った過程の経験値によって個体ごとに異なる．したがって，幼い頃から生き物と関わる経験を養うことには意味がある．『沈黙の春』の著者であるレイチェル・カーソンは著書『センス・オブ・ワンダー』で，子どもにとっても親にとっても「「知る」ことは「感じる」ことの半分も重要ではない」[1]と述べている．

大人のサポートのもと，ウマやウサギなどの世話を体験した子どもにとって，ウマの温かさや排泄物の匂いなどの，普段身の回りにないものは触覚や嗅覚などの五感感覚を使う刺激になる．また，子どもはウマの世話を通して，蹄の音が個体によって違うことや，ウマは一緒に暮らす他のウマのことが気にかかることに気づき，動物の手入れでは動物が気持ち良いかや痛くないかなど，動物に配慮することを知る．

このように，動物と関わる機会は人が本来もっている感じる力に磨きをかける．私たちが周囲を感知する生き物と生活の中で関わることの重要性は，生き物が投げかける刺激が理屈では説明しきれない情動を私たちに呼び起こすことにある．

c. 動物を活用する効果

動物がいると，私たちはつい目を留めてしまい，触りたくなってしまう．苦しいリハビリでも，イヌが前で待っていてくれると我慢できる場合がある．普段は列に並ぶことのできない子どもも，動物にさわるためなら我慢して並ぶことができる．このように専門家が動物を使って，生活の質の向上を目的に，子どもたちの学校生活や，治療現場における患者のリハビリや治療などをサポートする活動は動物介在介入（animal-assisted intervention：AAI）と呼ばれている．

AAIを実施するに当たり，対象者と動物の他に，必ず動物をハンドリングするハンドラーが存在する．対象者の安全を確保するために，ハンドラーは動物とペアで特別な訓練を受けていなければならない．AAIでは専ら動物をハンドリングするだけのハンドラーと教育や医療等の専門家の両者がいる場合と，教育や医療等の専門家がハンドラーも兼ねる場合がある．

AAIは実施される目的や形式によって，動物介在活動（animal-assisted activity：AAA），動物介在教育（animal-assisted education：AAE），動物介在療法（animal-assisted therapy：AAT）に分類される．AAEとAATは，教育や福祉・医療等の専門家が作成したプログラムに沿って行われ，その成果を評価する介入形式である．これに対して，AAAは目的に応じた専門家が関わるものの，活動成果の評価を行わないレクリエーションに位置づけられる．たとえば，理学療法士がイヌを用いて対象者にリハビリを施し，その回復効果を評価する場合はAATであるが，病院でも対象者が楽しむだけであればAAAである．

現在，イヌを活用するAAIでは，訓練を受けたペアが任意団体から認定を受けるのが一般的である．認定を受けたペアは団体から定期的に再評価され，AAI活動の質の維持に努めなければならない．動物の人への心理的，生理的，身体的そ

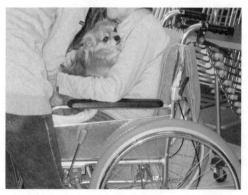

図 12.1 高齢者施設での AAI

して社会的な有用性は，心のケアや心理治療等の心の領域だけでなく，作業療法や理学療法，更生施設における社会復帰の補助等，動物の活用領域を着実に広げている（図 12.1）.

d. 小学生の飼育体験とガーデニング体験の効果

筆者は，動物の適切な飼育管理の普及を目的とした小学生対象の飼育体験活動を 2012 年から 2016 年まで実施した．2014 年からは生き物の適切な管理の普及を目的として，ガーデニング体験も加えた．累計で 425 人の参加児童の中で，2012 年 10 月から 2014 年 12 月までに参加した 209 人分のアンケートと感想文，スタッフの記録をもとに，今後の活動の参考に体験活動の特性把握を試みた．

参加した児童との会話から，動物の温かさやさわり心地，排泄物の匂いなどの言葉が発せられ，児童が動物との関わりを体で感じたことがうかがわれた.

参加した児童はガーデニング体験ではスタッフの指導のもとスタッフと一緒に作業を行った．ときにはスタッフと児童の距離が離れたが，スタッフは監督者として児童に十分な注意を向けることができた．これに対して，飼育体験では児童が動物に接しているとき，スタッフは児童の安全確保のために一緒にいる動物と児童の両者と距離をとることはなかった.

飼育体験に参加した児童にはスタッフが補助についているとはいえ，ウマと関わるときには恐怖心をもったようであった．参加した児童のアンケートから学年が高いほど体験活動全体がよく見えており，同じ体験内容でもどの児童にも一様な体験になっていないことがうかがえた.

参加児童は体験後たくさんの感想文を書いてくれるのではないかと期待してい

たが，実際には感想文を書かない児童も少なくなく，児童にとって文字を書くには強い動機や周囲からの補助が必要であると思われた．体験への参加が感想文を書くエネルギーになったかどうかを知るために，感想文を書いた児童の人数や感想文の文字数を算定したところ，飼育体験では，初めての参加でも2回目以降でも，書いてくれた児童数と書かなかった児童数の割合はそれほど変わらなかった（図12.2）．

しかし，ガーデニング体験では初めて参加したときよりも参加2回目では，より多くの児童が感想文を書いていた．この理由として，ガーデニング体験と飼育体験での作業の多彩さの違いが考えられた．庭は季節で様相が変化すること，ガーデニング作業は多種多様で様々な道具を児童も使わせてもらえることなど，参加するたびに違う体験ができた．児童は，土作り，堆肥作り，芝刈り，花摘み，花植え，川掃除など，季節ごとに異なる体験をし，ときには昆虫と出会うこともあった．

一方，飼育作業では動物への配慮があって触れあいに制限があり，年間を通してほとんど同じ作業であった．飼育作業内容に変化が乏しかったことに関しては，児童を補助するスタッフが児童に作業内容を説明する力に不足があったことも一因と考えている．

飼育体験の方がガーデニング体験よりも，応募する人数もリピーターも多かった．本活動の参加者募集は市の公民館だよりや市のホームページを通じて行ったので，これらを見た保護者が子どもを誘って参加申し込みをしたと想像する．ガ

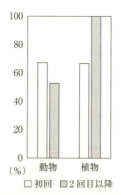

図12.2 感想文を書いた参加児童の割合
動物：飼育体験活動に参加した児童，植物：ガーデニング体験活動に参加した児童

ーデニングは家庭でもできることだが，ウマやウサギと触れあえる飼育体験はめったにないことで，飼育体験の方が保護者にとって魅力的に映ったのかもしれない．動物と触れあうことのできる活動は集客力があるが，体験内容を質・時間ともに充実させるのは，安全面や動物のことに配慮する面から考えると，活用内容に制限がかかるので容易ではない．動物触れあいで，このような制限が必要であることを参加者に学んでもらうことも，活動に必要な内容であるといえよう．

12-2 動物介在介入の特長

　飼育動物の世話で構築された飼い主と動物の信頼関係を基盤とするAAIでは，ハンドラー自身が動物から得られる効果に背を押されながらAAIを実施し，対象者は動物から心理的・生理的な効果を得る．その上でハンドラー（教育や医療の専門家）と対象者の関係が好ましい方向に変化すると考えられる．AAIの真骨頂は何といっても，対象者と動物の各々が周囲の対象物を感じて反応することで相互に影響し合い，対象者の動物に対する行為が動物の反応に則したものに変化していくことにある．そのため，AAIでは当初想定していた以上の効果が生まれることがある．

　AAIの場には，人々と動物の間で繰り広げられる相互反応のキャッチボールが見られる．その中で見せる対象者の反応は，ハンドラーあるいは教育や医療関係者が対象者の状態を把握する貴重な評価材料となる．すなわち，対象者に生じた状態を動物に対する反応という，教育や医療関係者にとってよりわかりやすい形で見せるのがAAIである．

　ハンドラーあるいは教育や医療関係者は，AAIを実施する経過中で対象者が見せる変化を正確に評価し，対象者のために次の一手を講じる．このような一連の相互作用こそが，動物をツールとするAAIの最大の特性といえる．AAIの父といえるボリス・レビンソンは，動物を子どもの心理療法に活用する重要性は，動物と関わるという実践そのものにあるのではなく，子どもと動物の相互作用で子どもの態度が変化するところにあると指摘している[7]．

　AAIでは，多くのスタッフやボランティアが関わる．対象者が所属する施設側やAAI活動団体側の双方から協力者を得て，初めて安全で円滑な活動が行える．多くのスタッフに支えられるAAIは，対象者にとって多くの人と接する機会になる．一対一の閉じた活動ではなく，小集団ではあるが社会的な活動であり，対象

者が活動から得るものは動物による効果だけではなく，活動に従事する人々との交流も含まれる．

AAIにおけるハンドラーやその他スタッフの対象者に対する姿勢は，対象者にとって自分を受け入れてくれる姿勢に映るのではないだろうか．AAI活動の中で自分の存在を認めて自分をサポートしてくれる「自分のためにそこにいる人」の存在を，対象者は実感するだろう．多くのスタッフが参加して補助することで対象者を含む活動全体の安全を図らなければならないAAIの活動形態が，対象者にとって動物，ハンドラー，活動スタッフ等との単なる出会いだけに終わらないことも，AAIの特性といえる．

AAIの現場は動物から人へ，そして人から人への相互作用の波紋が起こる．その波紋は予想しがたく，想定以上の効果を生む反面，AAIの現場を調整し再現することの難しさを示唆する．動物の人への働きかけの強さと，対象者をはじめとする関わる人全体への心理的，生理的，社会的な効果は魅力的で動物の活用の可能性を広げるものであるが，人側の一方的で安易な動物の導入を駆り立てる誘惑にもなる．

12-3 生活や社会で動物を適切に活用するために

a. 適正な動物飼育

AAIで活用される動物だけでなく，人が関わる動物は基本的に適切に管理されていることが原則である．「動物による人の生命，身体及び財産に対する侵害並びに生活環境の保全上の支障を防止」（第1条「目的」）して「人と動物の共生社会の実現を図る」ことを目的とする「動物の愛護及び管理に関する法律」は，どの人も「動物をみだりに殺し，傷つけ，又は苦しめることのないようにするのみでなく，人と動物の共生に配慮しつつ，その習性を考慮して適正に取り扱う」（第2条「基本原則」）義務があることを明らかにしている．

さらに，「動物を取り扱う場合には，その飼養または保管の目的の達成に支障を及ぼさない範囲で，適切な給餌及び給水，必要な健康の管理並びにその動物の種類，習性等を考慮した飼養または保管を行うための環境の確保」（同条第2項）をしなければならないとしている．動物と関わるときには，人にも動物にも，そして環境にも安全な状態でなければならないのである．

人が管理する動物の安全を評価する基準には，一般的にはイギリス発祥の「5

つの自由」が受け入れられている．これは，動物にとって，その動物の生態，生理，習性等にかなった幸福な状態を指す．動物福祉の基準ともいわれる．「5つの自由」とは，① 空腹および渇きからの自由（適切な給餌給水），② 不快からの自由（適切な飼育環境の提供），③ 苦痛，損傷，疾病からの自由（健康管理・医療の提供），④ 正常行動発現の自由，⑤ 恐怖および苦悩からの自由である[12]．すなわち，動物にとっての餌（①），住環境（②）と心身の健康（③，④，⑤）が適正であることを指す．適正な動物の心身の健康管理とは，身体的な健康が管理されていること，心理的なストレスがないこと，異常行動を誘発する要因がないことなどを指す．動物が心身ともに落ち着いて暮らすことで動物の攻撃性が低くなり，動物に関わる人の安全が守られることにつながる．

環境の安全は，飼い主にはあまり意識されないのが普通であろう．飼育される動物は人為選択された家畜であり，たとえ野生で捕獲された場合でも，その動物は捕獲された環境から遠く離れた場所で飼育されていることが多い．このために，放ったり逃げ出してしまうと，その環境で暮らしている野生動物の脅威になる．

たとえば，以前飼われていたが捨てられて野生化し，鳥類やネズミなどの小動物を餌としているネコをノネコというが，現在ノネコは，生物多様性の保全のために環境省によって緊急対策外来種に指定されている[2]．私たちが動物を終生にわたり飼育するという当たり前の行為は，環境保全につながるのである．飼育するペットを何らかの理由で飼えなくなってしまったとき，保護センターに安易に引き渡したり遺棄するのではなく，新たな飼い主を探すことも飼い主の責任である．

b. 飼育動物との距離

(1) 物理的距離

1990年代の日本おけるイヌの室内飼育率は40％に満たなかったが，ペットフード協会の統計資料によると2004年[8]では60％，2009年[9]には70％以上に上昇し，2018年10月[11]には85％に達している．環境省の定めた「家庭動物等の飼養及び保管に関する基準」によると，イヌやネコは屋内で飼育することが推奨されている．ネコは，一昔前は家の出入りが自由で飼育されていたが，2018年には89％のネコが散歩以外は屋内飼育されている[11]．イヌの飼育頭数はここ数年増えていないのに，生涯必要経費は増えている[10),11]．このことから，イヌ用グッズやフード，イヌの美容院など，イヌを飼育するための周辺サービスが充実していることがうかがえる．すなわち，イヌやネコと人の生活上の距離は年々接近してきてい

るといえる.

近年，ペットフードにはペットの年齢に合わせた商品だけでなく，サプリメントも用意されるようになった．これは，動物栄養学に関する知見や情報が増えてきていることをうかがわせるが，それに伴って家庭では便利な市販品に頼ることから，ペットの栄養特性に無頓着になるかもしれない．ペットが好んで食べる餌が健康によいとは限らない．私たちは甘いものや脂っこいものを美味しく感じてつい食べ過ぎるが，それが健康に良くないことは周知の事実である．

人とペットの物理的距離が近くなったという現状は，ペットフードの進歩と普及が後押しをしている．ペットフードの普及は，生産物の加工技術が発達したことで長期保存が可能になり，利用方法も簡単になった．また，大量生産されて安価になり，インフラが整備されて近くの店舗でも購入できるようになったことなども背景にある．私たちの生活が便利になったことで，動物飼育も容易になったのである．

(2) 心理的距離

内閣府が開示している世論調査で「動物保護に関する世論調査」[3), 4)] および「動物愛護に関する世論調査」[5), 6)] の結果によれば，1990年頃のペットを飼う理由は動物が，好きだからという回答割合が高かったが，2000年以降は生活に潤いがもたらされるから愛玩動物を飼っていると回答した割合が，動物が好きだからという回答率よりも高くなった（図12.3）．この変化から，2000年あたりを境に動物そのものへの関心よりペットによる心理的効果への期待の方が大きくなったといえる．

このように私たちがペットと関わる理由の変化はペットに対する態度に現われ，

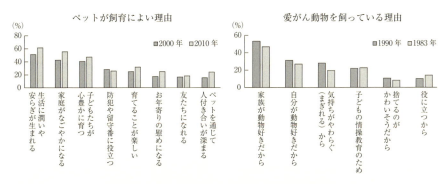

図12.3 動物の保護あるいは愛護に関する世論調査[3)-6)]

飼い主と心理的な関係をもつ伴侶動物という存在を生んでいる．人のペットに対する心理的距離が近くなったのは，動物飼育が容易になったこと，ペットと暮らすための住環境が整ってきたことなども関係している．

ただし，人間の話し言葉を使わない動物との関わりは，飼い主にとっての逃げ場になってしまうことがある．互いにわかり合える言葉を使う人どうしの付き合いは，私たちにとってときにストレスとなり，動物と触れあう安心感を求める契機になる．このような飼育は飼い主にとって，動物による安心感の獲得につながるものの，動物の存在に依存する状態を促す．そのため，動物飼育はかえって飼い主を社会から遠ざけてしまうかもしれない．動物飼育による心理的な効果はときに，衝動的な動物の購入を促すことにもなる．これは将来的な飼育動物の管理不足や管理放棄，そして遺棄を生む恐れをはらむ可能性がある．このような状態を回避するために，動物を飼育しようとする人は動物を飼育する前に飼育動物や動物の飼育管理についての情報を得る機会をもつことが重要である．

❇ 12-4　人と動物の関わりにおける未来

私たちの日常生活の多くの場面で人工知能が使われ始めていることを考えると，将来，ペットも機械に置き換わるのではないだろうか．現在，急速に進化し普及している音声アシストは給餌や掃除が不要で双方向性の反応が可能であることから，これに慣れれば，そのような未来は遠くないかもしれない．

そこで，再度ここで生き物の特性について触れておきたい．現代の科学技術は生き物の設計図（遺伝子配列）を明らかにする力をもっている．設計図が明らかになって，外部刺激に対する生き物の反応傾向は予測できるかもしれない．しかし，こういうときにはこうなるという確実な結果は予測できない．生き物には意外性がある．一方，プログラムされて起動する機械に意外性はない．むしろ，あったら困る．意外性は私たちを不安にさせるが，生き物であれば期待も抱かせる．生き物と関わるときの楽しみやドキドキ感は，期待を込めた不安，あるいは不安のこもった期待といえる．

人と動物の関わりは今に始まったものではないが，食用ではなく暮らしの友としてや，教育，福祉や医療の補助としての動物に関する情報量はまだ多くない．動物を「利用する」から，動物と「ともに暮らす」へ，そしてともに暮らしながら動物を「積極的に利用する」へ，生活や社会での動物の役割は多彩になり，教

育，福祉そして医療系の領域では重要性を増しつつある．ペットであれ，植物であれ，生き物を知ることは私たちの生活により面白みを与え，これを活かすことは生活の質を豊かにしてくれる．生き物の恩恵を最大限に引き出そうとするこのような農学の領域は，周囲を感知する生き物による恩恵と機械が私たちにもたらす恩恵が質の違うものであることを理解する助けになる． 〔土田あさみ〕

文　　献

1) カーソン，レチェル（2015）：センス・オブ・ワンダー，p.24，新潮社．
2) 環境省：我が国の生態系等に被害を及ぼすおそれのある外来種リスト．
http://www.env.go.jp/nature/intro/2outline/list/list.pdf ［2018年4月5日閲覧］
3) 動物保護に関する世論調査（1983）
https://survey.gov-online.go.jp/s58/S58-05-58-02.html ［2018年4月5日閲覧］
4) 動物保護に関する世論調査（1990）
https://survey.gov-online.go.jp/h02/H02-05-02-02.html ［2018年4月5日閲覧］
5) 動物愛護に関する世論調査（2000）
https://survey.gov-online.go.jp/h12/aigo/images/zu08.gif ［2018年4月5日閲覧］
6) 動物愛護に関する世論調査（2010）
https://survey.gov-online.go.jp/h22/h22-doubutu/zh/z13.html ［2018年4月5日閲覧］
7) Levinson, M. B. (1997): *Pet-Oriented Child Psychotherapy*, 2nd Ed. (revised and updated by Mallon, P. G.), Charles C Thomas Publisher.
8) ペットフード協会統計資料（2004）：平成16年（2004年）犬猫飼育率全国調査，犬の飼育場所．
https://petfood.or.jp/data/chart2004/09.html ［2018年4月5日閲覧］
9) ペットフード協会統計資料（2009）：平成21年（2009年）犬猫飼育率全国調査，犬の主飼育場所．
https://petfood.or.jp/data/chart2009/18.html ［2018年4月5日閲覧］
10) ペットフード協会統計資料（2017）：平成29年（2017年）全国犬猫飼育実態全国調査，犬の生涯必要経費．
https://petfood.or.jp/data/chart2017/5.pdf ［2018年4月5日閲覧］
11) ペットフード協会統計資料（2018）：平成30年（2018年）全国犬猫飼育実態全国調査，犬の主飼育場所・猫の主飼育場所（https://petfood.or.jp/data/chart2018/3.pdf），犬の生涯必要経費．（https://petfood.or.jp/data/chart2018/4.pdf）［2019年1月29日閲覧］
12) 全国動物保険看護系大学協会 カリキュラム検討委員会編（2014）：動物看護学教育標準カリキュラム準拠 専門基礎分野 動物福祉学，pp.22-23，株式会社インターズー．

第13章　医福食農連携のデザイン

❖ 13-1　医福食農連携とは

　「医福食農連携」は，農林水産省によれば「機能性食品や介護食品の開発・普及，薬用作物の国内生産拡大，障害者等の就労支援など「農」と「福祉」の連携等の医療・福祉分野と食料・農業分野との連携の取り組みを指す」と定義されている．医療分野と福祉分野とが連携し，食と農に新たな需要を創出する取組みとして注目され始めている．

　それに先立ち，農業領域と福祉領域とが連携して農業に取り組む「農福連携」の取組みが進められている．これは，農業の担い手が不足する農業分野と，障害をもつ人などの就労場所が不足する福祉分野とが連携をすることにより，農業生産を維持することと，障害をもつ人の働く場所や居場所をつくることを目指す取組みのことである．

　医福食農連携および農福連携は，農業領域と福祉領域について，お互いの強みを生かし補い合うことで，新しい形の雇用モデルが成立し，持続的に成長できる可能性を有する領域として期待されている．

　社会で生きることに困難さを抱える人や障害をもつ人などが，社会の中で自立するための場所を見出すことは，2015年に国連で採択されたSDGs（Sustainable Development Goals：持続可能な開発目標）にも含まれる基本的な考え方に沿うものである．また，2020年に開催される東京オリンピック・パラリンピックにおいて，大会組織委員会が定める持続可能性に配慮した調達コード（調達するために必要となる基本的な考え方）や調達基準に「障害者が主体的に生産に携わった農作物等」が採用されるなど，農福連携および医福食農連携を積極的に後押しする機運が高まってきている．

　日本においても，農福連携や医福食農連携の考え方に基づいて，各地で様々な

連携のモデルが実施されている．それは，単純に社会で生きることに困難を抱える人のために働く場所を提供するということを意味するものではない．効率を追求する自然科学に基づく考え方が一般的となり，産業革命をともない工業化が進む現在社会において，私たちが生きる形について「農」という視点から見つめ直すことまで求められている．それはまさしく，私たちが使いやすいように「農」のモデル化とシステム化を行い，社会実現を目指す「デザイン農学」の考え方そのものである．

本章では，医療・福祉領域と農業領域が連携をするに至った背景と，もたらされる恩恵，そして連携のためにあわせて考えていく必要のある事項について解説する．

13-2　日本農業の課題の背景

少子化による人口減少や高齢化が進行する中で，日本における農業を取り巻く環境は大きく変化をしている．近年は，農業従事者の減少と高齢化，耕作放棄地の増加による耕地面積の減少という課題に直面している．

a. 農業就業人口の減少

2017年度における農業就業人口は181.6万人であり，2005年度の約414万人に比べて，約20年で半数以下に減少している．基幹的農業従事者（直近の1年について，農業を主として仕事に従事している人）数についても，2017年度は150.7万人であり，2005年度の約256万人から大幅に減少している．この著しい農業就業人口の減少の要因として，農業従事者の高齢化における自然減と新規就農者の減少があげられている．経営の大規模化や機械化を進めても農業就業人口の減少を十分に補える状況ではない．近い将来，人手不足により農業生産が困難になる可能性も否定できず，もともと高くはない日本の食料自給率がさらに低下することも考えられる．

b. 農業従事者の高齢化

2016年度における農業従事者の平均年齢は66.7歳であり，2005年度の59.1歳から大幅に高齢化している．もともと，農業従事者の平均年齢は他業種に比べ高めであるが，現在は，一般企業の定年退職年齢よりも高齢の人が農業に携わり，農業生産を維持している．

図 13.1 開墾し，自然栽培に取り組む水田（長野県）

c. 耕作面積の減少

2015年度の耕地面積は約450万 ha であり，2005年度の約504万 ha から，約20年間で約54万 ha 減少している．この面積は，愛媛県よりやや小さく，愛知県全体が入ってしまうほどの大きさである（図13.1）．

このように日本の農業のおかれている現状は，食料生産を維持継続していくためには厳しい状況であり，生産量を増やそうとしても労働力の不足から思うように増産できない状況におかれている．この労働力不足を補うため諸外国から技能実習生等が迎え入れられているが，実習年限が制限されているなど，安定した農業を行うためには課題が少なくない．この著しい労働力の不足は，農業に限らず，畜産業，漁業，林業などの第1次産業に共通する問題である．

13-3 福祉領域の抱える課題

福祉領域で農福連携に関係するのは障害者だけでなく，高齢者も対象となるが，ここでは障害者の抱える背景について紹介する．障害者は一般企業に就労することが容易ではなく，就業率が低い．さらに就労に対する対価である工賃が著しく低く，自立するためにはほど遠い現実にある．

a. 就労状況

障害者にも一般労働者と同水準で常用労働者となりうる機会を与えることを目的として，厚生労働省は事業主を対象とした障害者雇用率制度を設け，障害者雇用率達成の義務を課している．2018年4月1日において，民間企業の障害者雇用率は2.2%，国地方公共団体では2.5%となっている．2021年4月には，雇用率

をさらに 0.1% 引き上げることが予定されている．

対象となる障害は，身体障害，知的障害，精神障害であるが，就労を希望する障害者に対して十分な求人数はなく，一般企業等で就労できる人は非常に限られているのが現状である．300 万人以上とされる障害を有する人々で生産年齢にある人（15 歳以上 65 歳未満）のおよそ半数が就労を希望しているものの実現しておらず，障害者に対する就労機会の提供は喫緊の課題である．

b. 平均工賃

障害者の中には一般企業に雇用されている者もいるが，障害者の多くは，就労移行支援事業所もしくは福祉作業所，授産施設等において，企業等から委託された軽作業などに取り組んでいる．事業所等での月額の工賃は，2015 年度の全国平均で約 15000 円である．これは 2006 年度の平均月額工賃約 12000 円より上昇しているものの，障害者が一般就労した際の賃金に比べ著しく低い．この金額では，障害者年金を受給していても，自立した生活を送ることが難しい水準である．

以上のように，日本では障害者が就労する際のハードルが高く，障害者が働き自立することは一般の人よりも困難である．一方，障害の種類を問わず就労意欲のある人は少なくなく「働きたくても働けない」という現象が起きている．

労働力不足とされる中，貴重な労働力が顕在化せず眠っている状態にあることもあまり意識されていない．これはまさしく「眠れる労働力」といってよいもので，労働力不足が深刻である現在，障害者雇用のみならず貧困層等も含めた社会的に生きにくさを抱える人々の就労機会について，日本全体の問題として考えていくべきものである．

同じように高齢者も，就労機会は大きく制限されることが多く，また働ける場所があってもシルバー人材として対応されることが多く，十分な水準の賃金が払われていないなど，障害者と同様な自立しにくい状況にあることも忘れてはならない．

表 13.1　農業と福祉の抱える課題

農業領域の課題	福祉領域の課題
1）農業従事者の高齢化 2）就農者の減少（後継者不足） 3）耕作放棄地の増加 　→作りたくても作れない	1）働きたくても働けない 2）賃金（工賃）が著しく低い 　→自立生活をする機会が少ない

❖ 13-4 福祉領域と農業領域の相性

　農業領域と福祉領域がそれぞれの特徴を生かし，連携し，補い合うことで，それぞれが抱える課題を解決することが期待されるし，それを農福連携やその発展形の医福食農連携として取り組むことが可能となる．農福連携を進めるには，農業領域と福祉領域，それぞれの特徴を見ておく必要がある．

a. 農業における作業内容の特徴

　農業は，作物の栽培や家畜の飼養を行い，人間にとって必要な食料等を生産する産業である．自然の恵みや力を利用する点では漁業や林業と違いはない．したがって，林業まで含め，私たちが生きるために必要な衣食住を維持する産業であり，私たちの生活から切り離すことができない．

　同時に，農業生産物ができあがるまでには様々な作業や工程が存在する．このため工業等の他の産業に比べると非効率的であり，人口増に対応するために生産量を簡単に増やすことや効率化を進めて大量生産を行うことが難しい．しかし，様々な作業工程が含まれているため，福祉領域との連携を行いやすいという側面もある．ただし，両者の相性が良いからといって単純にマッチングさせれば連携が成立するものでもなく，様々な配慮が必要となる．

b. 福祉就労で求められること

　多くの障害者が就労を希望しているが，その障害の状態や程度によって関われる仕事の内容は限定される．様々な産業にあった手間暇のかかる作業が，機械化され少ない作業工程に集約されると，限られた作業しかできない障害者にとって

図 13.2　重度の障害をもつ人が一般の人と同じ作業を行う（えのき栽培農場）（埼玉）

は就労する機会が失われる．一方，効率は悪くても様々な作業が組み合わされている農業では，対応できる作業が限定される障害者でも関わることの可能な作業を見つけ出しやすく，結果として就労の可能性が高くなる（図13.2）．

福祉領域で求められる作業の要件として，①単純であっても毎日関わることができるための十分な作業量があること，②成し遂げたという達成感の得やすい作業であること，③自分のペースでできる作業であることなどがあげられる．これらの要件を作業に見つけ出すことは難しくない．このような点で，福祉領域と農業領域は相性が良く，労働力が不足していることと，就労機会が少ないという，それぞれの課題を解決するための連携が可能となる．

13-5 福祉領域での就労に求められること

農業領域と福祉領域の相性が良いということで単純にマッチングしたからといって農福連携が成り立つものではない．障害者が就労するためには，雇用する側とされる側双方に準備が必要となる．

a. 雇用側に求められること

(1) 障害者と障害の理解

障害者の状態に応じて異なる症状や行動について理解し，それぞれに応じた対応方法を学び，関わることが求められる．障害者ごとに丁寧に対応することで，障害に応じて異なるコミュニケーションを円滑に進められるようになる．その結果，作業を進める中でお互いの誤解が生じにくくなり相互理解が進むことで，職場環境が安定し長期間の雇用につながる．これは，障害者差別解消法（障害を理由とする差別の解消の推進に関する法律，2016年施行）で求められるようになった「合理的配慮」に通じるものであり，障害者を含めたすべての人が共生する社会となることを目指すインクルージョンされた社会を構築する際にも求められることである．

(2) 作業の抽出と提供

作業内容を把握し，障害者の状態や状況に応じた適切な作業を提供する．障害者はその状態や状況に応じてできることが限られており，現在就労現場で行われている作業をさせるのではなく，障害者の関わることのできる作業を選び出すことで，滞りなく作業を行えるようになる．

（3）特性に応じた対応

障害者のもつ特性に応じて，対応可能な作業時間や内容は異なるため，効率的な側面だけを追求してはいけない．単位時間当たりの処理能力は必ずしも雇用者側のもつ期待とも一致しないが，それは処理能力以外の優れた点を見つけ，価値を見出すような対応が求められる．

この考え方は，障害者だけでなく一般の労働者についても同じであり，職場の労働意欲を向上させることにつながることが多く，結果としてすべての関係者が働きやすい労働環境を作ることにつながりやすい．

b. 福祉団体が農業に取り組む際の留意点

障害者が農業を営む団体に雇用されるだけでなく，福祉団体が農業に取り組み始めることも少なくない．しかし，多くの福祉団体は農業の経験をもたないため，消費者が満足する農作物を生産できるようになるのに時間を要する．十分な経験を培ってから本格的な農業に取り組むことが必要である．

障害者を受け入れる団体側と，就労を目指す障害者側双方がうまく連携していくために取り組まなければならない課題について，丁寧に対応することで，それぞれの弱点を補い合うことができ，結果として長期間安定した関係を構築することが可能となる．

❖ 13-6 農福連携を継続させるために

農福連携は取り組めばよいというものではなく，スキームを維持するためには一定の収入が継続されることが必要である．生産物や商品が売れ続けないと，農福連携を継続することができない．

a. 品質の向上とブランド化

農福連携によって生産された生産物が市場で商品として価値をもたなければ，継続して販売につなげることは困難である．生産される商品価値を高め，安定した販路を開拓するためには，その領域の専門知識と経験が必要不可欠である．福祉が関わっていることをうたい文句としても品質が伴わなければ，最初は買ってもらえてもリピーターにならず売れなくなることもある．農業と福祉の連携で目指すものは，あくまで福祉領域からの労働力の提供と農業領域からの就労機会の提供であり，生産物や商品には一般市場と同様に一定の品質が求められる．また，高品質であれば付加価値をつけて，高値で市場に出せる商品となる可能性もある．

さらに，私たちの生活の環の中に入りこみ，必要不可欠な存在となることで仕事を失うことが少なくなり，結果として安定した収入となる．

b. 農福連携におけるコーディネーターの必要性

農福連携が進められる中で，農業領域と福祉領域の両者についての知識と経験を有し，その調整を行うことのできる人材が不足している．連携を進めるためには，農福連携についてのコンサルティングを行なえて，組織や地域の実状に応じてモデルを構築できるコーディネーター役を果たせる人材を養成してくことが必要である．

13-7 農福連携に取り組む事例

栃木県足利市にある社会福祉法人こころみ会の運営する指定障害者支援施設こころみ学園は，障害者が農業を行うモデルに早くから取り組んでいる．こころみ学園の利用者（園生）が生産に関わったブドウを原料とし，園生の父兄等有志によって設立された有限会社ココ・ファーム・ワイナリーがワインを生産販売している．生産されるワインの品質は高く，日本のみならず国際的にも高い評価を得ている．

中学校の教員でもあったこころみ学園の初代園長が，教え子の中学校の生徒とともに，足利市郊外の急斜面の開墾とブドウづくりを1958年より取り組み農福連携が始まった（図13.3）．現在，こころみ学園には150名の園生がおり，その多くの人が知的障害を有している．園生が関わる作業は，ブドウ園の枝の剪定，草刈り，虫取り，ブドウの房への笠掛けなどの管理作業と収穫作業のほか，植林，

図13.3 こころみ学園の利用者が管理するブドウ畑（栃木県足利市）

間伐，下草刈りなどである．また，敷地内に作業所も有し，農業だけでなく菓子箱等の箱折り，ハンガーのリサイクルなど一般の福祉作業所が取り組む作業も引き受けている．

収穫されたブドウをワインにするために設立されたココ・ファーム・ワイナリーにも，ワイン製造工程の作業に適応できる園生がワインづくりに従事している．ココ・ファームでは，ワインの製造販売のほか，チーズやジャムなど加工食品販売や，地元の野菜を利用した料理とワインを提供するカフェを併設するなど，6次産業としても成功をしているモデルである．こころみ学園では，ブドウの生産のみにとどまらず，ワインづくりにも取り組んでおり，6次産業化を農福連携と併せて行っている点についても先進的な事例として特筆できる．

❇ 13-8　新しい農福連携モデル

生活の中から生まれてきた農業は，もともと福祉的な要素が含まれている．効率化を最優先とする現代社会の中で失われてきた農業領域における福祉的な要素について，改めて着目したのが農福連携である．多くの農業領域について，手順を踏めば福祉的な関わりをつくることが可能であり，それを目指すことも難しいものではない．

a. 訪問かいこ

障害者の就労機会を作り出し，農業と関わることによって日々の生活を豊かにすることを目指して，新しい農福連携モデルである「訪問かいこ」（商標登録済）を提唱し，実際に試みを始めた．2015年春に，障害をもたれた人や高齢者の人に，蚕を飼ってもらうことで「生きがい」をつくることを目指し，生活の質（QOL：社会的に人間らしい生活を送ること）を宅配するモデルである（表13.2）．

明治時代には，生糸の輸出が基幹産業であり日本各地で養蚕が行われてきたが，2016年現在，養蚕農家は349戸，繭の生産量は130tと最盛期であった1930年の40万tから激減をしている．近年，日本の養蚕と生糸が再評価され始めているが，生産量の減少は続いており，養蚕業と養蚕文化の維持は非常に困難である．その中で，蚕のもつ機能性に着目して，新しく無菌的に工場で養蚕による高品質な生糸の生産も行われるようになってきた．

一方で，伝統的な養蚕は作業手順が多く手間暇のかかる点を活かして，福祉領域で養蚕をすることの可能性を検討した．その中で，蚕は，比較的容易に飼育で

表 13.2 「訪問かいこ」でできること

1) カイコの飼育（繭の生産）
　　　→生きがいづくり
2) 販路の確保
　　化粧品
　　機能性食品
　　　→自立支援
3) 桑の葉の利用
　　和紙との連携
　　　→他の産業との連携

図 13.4 「訪問かいこ」（五齢まで育った繭）

きること，育てる期間が1か月弱と比較的短期間であること等で，障害者や高齢者が養蚕に関わりやすいことから，養蚕で障害者や高齢者の QOL を高め，自立につながる収入を得るモデルの訪問かいこを考案した（図13.4）．福祉サービスとして行われている訪問「介護」と，「かいこ」が障害者や高齢者のもとに訪問するイメージを重ねあわせ，商標登録も行った．訪問かいこで使用する蚕は，生糸が紫外線を遮蔽する機能性が高い特別な品種である．この蚕の生糸を使うことで，石油製品を使用しない日焼け止め商品を創ることが可能であることから，化粧品会社が一定の値段で買い取ることになっている．これを受け，訪問かいこに関わる障害者や高齢者に作業の対価を払えるようになっている．

b. クワの栽培と耕作放棄地対策

養蚕に必要なクワも，かつては各地にあったものの現存する木は少ない．訪問かいこに取り組む施設周辺の耕作放棄地を開墾し，新たにクワの栽培を始めることで，そこで得られるクワの葉を蚕に与えることが可能となる．この桑園の構築と管理についても，開墾，クワの挿木，クワの管理，クワの葉の採取など障害者や高齢者でも関われる作業が多くある．

このように訪問かいこは養蚕だけでなくクワの栽培についても農福連携のモデルとなっている．また，耕作放棄地にクワを植えることが多く，クワの栽培地は地方では里地里山の周辺にあることが多い．訪問かいこを始めるために餌となるクワを植えることは，耕作放棄地対策だけでなく里地里山の保全にも大切な役割を担うことにもなる．

以下のように，訪問かいこという新しい農福連携モデルでは，障害者や高齢者に対して，就労の機会提供，蚕という生き物を飼うことによる QOL 向上の期待

図 13.5　耕作放棄地に挿木した桑（定植 6 ケ月後，山口県）

の提供を行える．さらに，耕作放棄地にクワを植えて利用することによる地域づくりにつながる耕作放棄地対策，新たに桑園として管理することから里地里山の維持という様々な地域や社会にある課題を解決することが可能である（図 13.5）．

　農業領域と福祉領域が連携を取るためには配慮すべき事項や手順はあるが，繁雑なものではない．農福連携を進めることによって，障害者の就労機会の確保，農業領域における労働力の提供，耕作放棄地の新たな利活用，里地里山の維持などにつながるモデルをつくることが可能である．障害をもつ人が自立した生活を送るためには，さらに就労する機会を得るだけでなく，生活をする場所についても考えていかなければならず，障害者が社会生活を送れるようにする地域デザインが必要となる（14-2 節参照）．　　　　　　　　　　　　　　　〔川嶋　舟〕

文　献

1) 朝日新聞（2016 年 9 月 9 日）：かいこ 飼育で介護．
2) 厚生労働省・農林水産省（2017）：福祉分野に農作業を Ver.5（平成 29 年 5 月版）．
3) 農林水産省（2016）：農林業センサス．
4) 農林水産省（2018）：農業構造動態調査．
5) 農林水産省（2018）：耕地及び作付面積統計．
6) 農林水産省（2017）：養蚕の動向．
7) 東京オリンピック・パラリンピック競技大会組織委員会（2018）：東京 2020 オリンピック・パラリンピック競技大会 持続可能性に配慮した調達コード（第 2 版）．
8) 東京新聞（2017 年 5 月 30 日）：訪問かいこ笑顔最高．
9) 蚕業技術研究所（2010）：養蚕．

第14章　日本の地域デザイン

🔷 14-1　地域の経済活性化と食農デザイン

a. 地域活性化の難しさ

　都市と地方との格差拡大は，発展途上国だけでなく，先進国にも共通する課題になっている．都市から地方への人口や経済の移動に伴う二極化は，都市と地方の格差拡大に直結する．地方の衰退の結果，地方では，存続をかけた経済活性化対策の実施が必要である．

　現在，日本政府は，地方の総合的な活性化を目標とする地方創生政策を実施している．地方創生政策では，既存の地域活性化の手法をアレンジするだけでは地域経済の活性化は難しいことを指摘しており，地域ごとに独自性を出して差別化していくことを推奨している．

　地方の経済活性化を実現するとなると，他の地域と比較した上での，地域の特産物や歴史や文化などの強みや特徴に合わせて，独自性の高い手法を考案する必要がある．しかし，その独自性ある活性化の戦略や計画，方法論を考案すること自体がきわめて難しいため，地方創生政策はなかなか進展が見られにくい状況にある．

b. 地域活性化≠地域経済活性化

　日本では，地方の活性化というと，情緒的でノスタルジックなイメージを抱く人が少なくない．しかし，現実は，そのような観念的な精神論ではとても解決できない．地域が活性化するには，経済的衰退に対処しなければならないからである．

　地域活性化を情緒的，観念的に捉えると，どういうことが起こるのだろうか．よくあるケースとしては，地域活性の情緒的，観念論的なイメージを反映して，みんなで楽しんでできる，地域コミュニティーの絆づくり活動やイベントに落ち

着くことである．このような対応では地域の活性化にはつながっていない．それはなぜだろうか．この問題を考えるには，地域活性化に関するイメージの話に戻らなければならない．

地域活性化のテーマの中には，みんなで楽しめるような，地域コミュニティーの絆を醸成するテーマがある．しかし，それは地域活性化の主目標ではない．みんなで楽しめるという「状態」の話は，地域活性化の「目標」にはなりえないからである．

それでは，地域活性化の主目標は何であろうか．それは地方創生政策が強調しているように，「地域経済の活性化」に尽きる．地域経済を活性化させ，地域に雇用や経済の循環を生み出し，若者が定住でき，人が流出しないようにしなければ，地域そのものの存続が危うくなる．このような経済目線の地域活性化の話は，地方創生政策で掲げている政府の政策方向でもある．

地域活性に対して情緒的なイメージをもつ人が多いことが，経済を活性化することに地域の活性化の本質があることを捉えにくくしている可能性がある．まず，「地域活性化≠地域経済活性化」と捉えることが，問題を考える前提であることを指摘しておきたい．

c．ブランドの科学

現在，都市に限らず，地方の経済活性化において，地域産品，地域産業，地域観光などを統合して地域そのもののブランド化を目指す活動が盛んに行われている．

ここで，地域活性化の議論と同じで，多くの人はブランドに対してどのような認識をもっているかが重要になる．ブランドに関する認識について，個々人で大きなズレがある可能性が高いので，ブランドの科学的な効用を説明したい．

ブランドをテーマにした研究には様々な先行研究があるが，ここでは最も原理的な知見を提供している脳科学からのブランドの人間への作用（ブランド効果）の研究を紹介する．ブラインドテスト（商品自体の客観的な評価を得るために銘柄名を隠して意見をきくテスト．目隠しテスト）の有名な実験に，ペプシコーラとコカ・コーラの比較試飲実験がある．ブランド名（コーラの名前）を知らされずに純粋な味だけの試飲テストをすると，ペプシコーラの方がおいしいとするが，ブランド名を聞いた場合ではコカ・コーラがおいしいとする傾向がある．本実験は，ブランドという文化的要素が，人の好みにまで作用する事例として有名である．

問題は，コカ・コーラがペプシコーラよりおいしいという評価は，ブランド名を聞いたことによる思い込みかどうかである．それとも，ブランド名を聞いたことが，味の評価にまで作用したのだろうか．もし，後者であれば，ブランドは，人の好みだけでなく味にまで影響することになり，経営的な視点から大きな問題である．

コカ・コーラとペプシコーラのブラインドテストを事例にし，ブランド効果に関する脳科学的な研究が，2004年に *Neuron* という著名な脳科学の学術雑誌に発表された[2]．実験ではコーラをチューブで吸いながら，fMRIに入って脳機能イメージングを行い，ブランド効果を検証した．結果，ブランドの情報（知識）は，人間の好みだけでなく味の評価にも影響することが，脳科学的にも明らかになった（図14.1）．

日本では，「品質さえ良ければ評価してもらえる」といった考え方が浸透している．しかし工業製品の部品ならまだしも，食品や文化的産物ではこの考え方が通用しないことも少なくない．ブランドが好みや味にも影響用するとなると，品質だけで競争することは，あまりに不利になる．そして，このブランドの話は，「情報や知識が人の評価や認識，生理的な反応にも強く影響する」ということから，食品だけでなく，観光，文化・芸術，サービス，地域などのあらゆるものに共通する．

d. 日本の地方農山村のグローバルブランド戦略

地域ブランド化の実践例として，筆者らが取り組んでいる群馬県利根郡川場村の事例を紹介したい．川場村は，村の80％近い面積が森林であり，中山間地域に属する．人口3500人ほどの小さな農山村で高齢化が進んでおり，このような条件

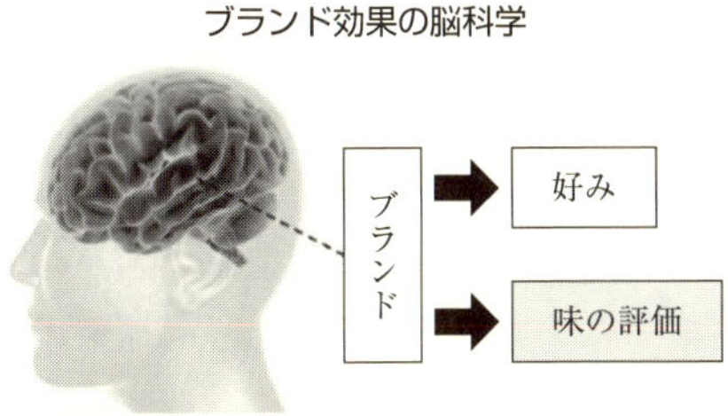

図14.1 ブランドの効用と機能
ブランドの力は思い込みではない．ブランドの力は好みや味の評価にも作用する．

の地域は，地域活性化が最も難しい部類に入る．人口が少なければ税収が少なく，高齢化が進んでいれば医療福祉にかかる費用も増える．また中山間地域の傾斜地帯の森林は，水源地と土砂災害防止の機能があり，開発が困難なためである．

このような条件の川場村を地域ブランド化する取組みでは，数あるブランド戦略の中でも難易度が高い，徹底した触媒戦略を思い切って採用した．すなわち，川場村での地域ブランド化戦略の独自性を，産官学の影響力のある多様な人の関心や評価を獲得することに重点を置き，早い段階で重要な国際舞台でアピール[1]，国際的評価を得ることを第1目標にした．これは，国際的評価がない限り，小さな川場村の取組みは社会に注目されないと考えたからである．「世界に向けた地域おこし」をキャッチコピーに，川場村の取組みは始まった．

ブランドの本質は社会的信頼にあるので，社会の要望や期待に応えることができれば，一気に社会的評価が高まる可能性がある．そこで，川場村での地域ブランド化は，世界中の地方農山漁村が抱える地域活性化の問題そのものにフォーカスした．そして，コストパフォーマンスが良く，外部の専門家の善意に基づいた協力を促進させることで，産官学連携による地域経済活性化の方法論を開発し，それを影響力のある場で公表しようと，筆者らは考えた．

具体的には，川場村の取組みでは，エコロジーでエコノミーなキュイジーヌ（料理）という意味合いの「eco-cuisine」というブランドを考案し，地域の四季の魅力を「食」を通じて世界に発信しようと考えた[1]．本ブランドには，入り組んだ背景や問題提起・対策法等があるが，システムの概要のみを以下で簡単に取り上げる．

川場村は森林面積が広いため農業の大規模化が難しく，中小規模農家が有機栽培や減農薬栽培で，高付加価値化を図るくらいしかなかった．しかし，付加価値の高い栽培方法（たとえば，慣行栽培から減農薬栽培や有機栽培へ）に移行するときには，生産量が減るほか，形が悪い野菜や規格外の野菜が増えて商品にならない傾向にあるため，経済的に厳しい状況が続く可能性がある．

有機栽培や減農薬栽培のようなエコロジーでエコノミーな農業に取り組む移行期に，形の悪い野菜等も活用し，より付加価値や単価が高い6次産品（今回は，形を問わず，付加価値の高い「スープ」を採用）に加工することで，地域の中小規模1次生産者を支援できないかと考えた．また，その加工食品のスープ（缶やレトルトにして国内外で売れる形にする）にQRコード等を付け，スマートフォン等を通して特設ホームページにアクセスしてもらうことで，地域の農業のみな

らず，日本の第1次産業を生み出した日本の自然環境や文化の特徴，地域の多くの産業にわたる情報を紹介し，地域観光産業活性化にも影響を波及させようと考えた．

eco-cuisine の取組みのパイロット版では，川場村の特産品のお米である「雪ほたか」と，群馬県内の有機野菜や減農薬野菜に挑戦している中小規模生産者の1次産品を使用してスープを作った．そのスープのような，地域が生み出した6次産品を国内外の人に，高い信頼と期待をもって手に取ってもらい，ひいてはホームページを通じて本取組みの対象地域に関心をもってもらうためには，世界的な評価を獲得している「スターシェフのブランド」が，経営戦略上の差別化には有効であると考えた（ブランド効果の情報や知識が，人に与える影響の大きさを参照のこと）．そこで eco-cuisine は，ミシュラン3つ星シェフとして世界的に著名なシェフである京都吉兆総料理長の徳岡邦夫氏に監修をお願いした．

このような取組みは，eco-cuisine というコンセプトに賛同してくれる①地域の1次生産者，②有力なシェフ，③大学等の専門家（地域の多分野の情報を，国内外の文化圏の特性に合わせて，言語と文化の翻訳と体系化を行う等），④地域に密着した組織が揃うことで，川場村のみならず，国内外のどこの地域でも展開できるという強みがある（図 14.2）．

本取組みのブランドコンセプトは，その独創性が評価されて，食料問題をテーマとする 2015 年のミラノ万博に出展することができた．ミラノ万博と同時開催された「国際連合食糧農業機関（FAO）と世界の協同組合組織の国際会議」で，京都吉兆の徳岡氏と共同で特別講演を行い，非常に高い評価を得た．このことは，川場村の取組みが，地方の農山漁村の地域活性化の取組みとして日本だけでなく，世界的にも通用することを意味している．

e．農と地域のデザイン

地域経済活性化には，様々な分野の連携が不可欠である．その場合に重要なことは，チーム編成とリーダーの存在である．すなわち，様々な分野の専門家が分担協力することで，1＋1＝2以上の効果が得られるようなチーム編成とすることや，そのチームを率いてプロジェクトを成功，実現させていくリーダーが必要である．

地域経済活性化プロジェクトでは，産官学の分野の多くの人間の能力や特性を1つに統合してプロジェクト実現のために機能させる必要がある．すなわち，プロジェクトのコンセプトや，プロジェクトの目標を実現するためのシステム，付

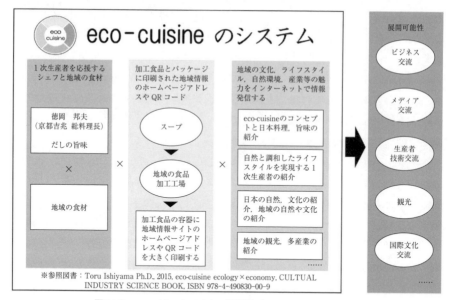

図 14.2　eco-cuisine システムの概要図　（©Toru Ishiyama 2016）

加価値の源泉，役割等をデザインする力が求められる．

　地域を活性化するためには，基幹産業である第 1 次産業にフォーカスすることは重要である．しかし，基幹産業以外にも，地域そのものをブランド化させるための，様々な産業が存在する．第 1 次産業を起点にしつつも，多くの産業に展開できるような地域ブランドの仕組みをデザインすることが，地方の経済活性化には求められている．

　デザイン農学を通して，高付加価値をデザインする力を養い，農と地域をデザインできる人を，1 人でも多く社会に送り出すことが，日本の地域創生にも寄与できるはずである．

〔石山　徹〕

文　　献

1) 石山　徹 (2015)：*eco-cuisine ecology × economy*, CULTURAL INDUSTRY SCIENCE BOOKS.
2) McClure, S. M. *et al.* (2004)：*Neuron*, 44：379-387.

❇ 14-2 地域のリデザインとブランド化

a. 地域デザインの課題

日本では人口が減少に転じ，少子高齢化が進むのに伴って地域社会を維持することが困難となってきている．地域によっては，高齢化率の上昇に伴う限界集落（65歳以上の高齢者の占める割合が50％を超え，集落の維持やお祭りなど社会的な共同活動の継続が困難とされる集落）化により，地域を維持すること自体が難しい事例も出ている．

地域を維持するための対策として，地域活性化あるいは地域創生などの様々な取組みが行われてきているものの，十分な成果が得られている事例は多くない．ここでは，継続的に地域を活性化するための地域デザインとそれに伴うブランド化がなぜ必要かについて考えていく．その際，地域の抱える課題を解決するための地域づくりについて，社会的に生きることに課題を抱える人も生きられる社会をつくるための考え方，すなわち福祉的アプローチの観点からも検討する（図14.3）．

b. 地域のデザインとリデザイン

これまでは人口が増え続けるとともに，地方から都市へ流入することで経済発展を目指してきた．そして，少子化が進行して人口が減少する現在も，引き続き地方から都市へ若年齢層の流出が続いている．このことが，社会のあり方を考えるにあたり，大きな課題となっている．若い労働力や農業生産物の供給源であった地方が，少子化の進行と引き続く人口流出によって生活の場として成り立ちにくくなり，地域そのものが自然消滅する可能性も出てきている．都市機能を維持

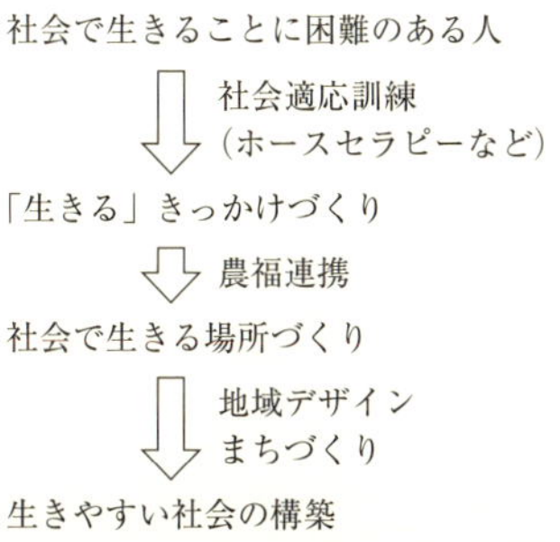

```
社会で生きることに困難のある人
        ⬇ 社会適応訓練
          （ホースセラピーなど）
「生きる」きっかけづくり
        ⬇ 農福連携
社会で生きる場所づくり
        ⬇ 地域デザイン
          まちづくり
生きやすい社会の構築
```

図14.3 農福連携から地域デザインへの流れ

するためには，人口が減少していく状況でも，地方から都市へ労働力と農作物を供給することが重要である．そのためにも，生活の場として成り立つ場所を維持していくモデルを構築しなければならない．

地域活性化，地域創生，街づくりなど，様々な形や目的で地域のデザインが行われているが，なかなか成果が出ないし，一時的に成功しても，継続することが難しい事例が少なくない．地域デザインの成り立ちを考えれば課題はわかりやすく，今後，長く続く地域を維持するためには，新しい概念で地域デザインに取り組む必要がある．

(1) 内向きモデルから外向きモデルへ

地域創生や地域活性の中で取り組まれることの多い都市で成功している補助金によるモデルの導入は，イベント等で短期的に活性化しても補助金がなくなると継続しにくい．これは，地域外の価値観を導入するという地域外部から内部への働きかけを受け止める「内向きの地域デザインモデル」といえる．

しかし，地方が持続的かつ自立して活性化していくためには，地域の内部にある能力で成り立つ価値観をつくり地域外に伝えていく「外向きの地域デザインモデル」が必要である（図14.4）．地域づくりについて考える場合，その地域で生活する人を含む様々な社会に根付く資源を利用し，それに付加価値をつけて利用していく地域モデルを新しくデザインしていかなければならない．

(2) 地域のリデザインとリブランド

今まで行われてきた地域デザインは，経済発展を最終目標とすることが多く，その地域に生活する人と社会に重きを置くデザインは少なかった．すなわち，今日まで行われてきた手法には，地域外にある価値基準を導入することによって地域を魅力のあるものとし活性化を目指すものが多い．補助金などで取り組まれる

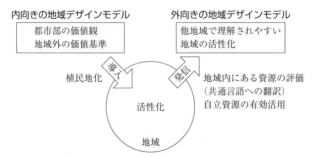

図14.4 「内向きの地域デザインモデル」から「外向きの地域デザインモデル」へ

モデルでは，都市で成功しやすいモデルをそのまま導入し，集客数等で実績が評価しやすいイベントの誘致などが多い．これは，都市の価値観を押しつけられた植民地のようなものである．これらの方法では，一時的には地域が活性化するものの地域に導入された手法を根付かせ継続することが容易でなく，補助金の打ち切りとともにプログラムが自然消滅に至ることも少なくない．都市での手法を単純に導入するだけでは地域を疲弊させるだけに終わることが多く，地域を長期間にわたり活性化させ，魅力あるものとしていくことにはつながりにくいモデルである．

社会的に生きることに困難を抱える人も生きることのできる社会を目標とする福祉的なアプローチを含む地域づくりは，誰もが生きられる社会をつくることを目指すことなる．そのためには，地域に住む人や地元にある資源を大切にする「外向きの地域デザインモデル」を構築するために，今までの取組み方とは異なるアプローチが必要となる．都市の価値観を導入して統一させる植民地的な発想による地域デザインモデルから，地域内にある資源の価値を評価し，独自の価値を高める地域デザインモデルへ変えていくこと，すなわち，今までと異なる新しい地域デザインモデルを創る地域づくりモデルのリデザインが求められる．

このような試みが成功すれば，各地域の実状に合わせた価値づくりが進み，地域の魅力をブランド化でき，地域づくりをさらに価値のある継続可能なものとするための地域デザインモデルを創りだすことができるはずである．地域のブランドをつくるということは，地域内だけでなく地域外でも価値あるものと評価させるために，地域に根付く価値の標準化や翻訳をする作業といえる．これがうまくいけば，地域外での評価を得ることができる．

c. 福祉領域からのアプローチ

地域づくりを行う際に地域の中で営まれている生活のことを考え，誰もが生きることのできる社会を目指すことを考慮する必要がある．そのためには，福祉の視点からのアプローチも大切である．

(1) ノーマライゼーションからインクルージョンへ

社会で生きにくさを抱える人が働き生活をする場として，第13章において，農業と福祉の連携による第1次産業（農業・畜産業・漁業・林業）における障害者が自立するための雇用の創出について紹介した．私たちが生活する土地を利用し日常生活の中から生まれてきた農福連携をベースにした就労モデルでは，様々な特性をもつ人が関わることが可能である．農福連携に取り組むことは，社会で生

きることが容易でない障害者や高齢者が働きやすく，自立して生きられる可能性を広げることになる．

一方で，福祉を取り巻く環境は大きく変化をしている．近年までは障害があるなど生きにくさを抱える人が，社会と関わらずに生きる仕組みもあったが，徐々に障害の有無にかかわらず同じ社会で1つにつながるノーマライゼーションの考え方が広がってきた．私たちの意識が変化し，社会でバリアフリーが推進され，同じ環境で障害者と障害者以外が生活し働くことが普通のこととなってきた．

現在では，障害をもった人と健常者が社会で共に生活をすることを目指すノーマライゼーションから，社会から排除された人を社会の中に包み込む（社会的包摂）というインクルージョンの考え方に変化しつつある．インクルージョンは，各領域において理念は異なるものの，教育と福祉の領域での理念としては障害があっても地域の資源を利用し，市民を包み込んだ共生社会を目指す考え方である．この考え方は，福祉領域から社会のあり方へアプローチする際に使われ，地域を福祉の力でデザインする農福連携モデルとも相性が良いため，社会的にも有意義である．

(2) ソーシャルファームについて

世界の流れとしては，さらに一歩進んだ考え方が広まり始めている．障害者の働く場としては，一般の企業のほか，福祉制度による就労支援事業所，小規模作業所などがある．ヨーロッパでは，1970年代にイタリアで始まったソーシャルファーム（social firm）が一般企業，福祉サービスとして行われている福祉事業所に続く3番目の働く場所として位置づけられている．

ソーシャルファームは，社会問題の解決を目的として，ビジネス手法を用いた収益事業として行うソーシャルエンタープライズ（social enterprise：社会的企業）である．障害者や高齢者など就労することに困難を抱える（すなわち不利な立場にある）人のために，仕事を作り，支援を含めた就労（雇用）の機会を提供することを目指すビジネス形態である．偏見等により雇用する企業がなかったことから，北イタリアの精神病院関係者と患者が共同して，就労する企業組織を自らの手で1970年代に作ったことが最初とされる．1980年代には，イギリス，ドイツ，フィンランドなどにも広がった．

近年，日本において同様の取組みが始まっているが，障害者が就労する場所と生活する場所を創りだすことになるので，生活の場となる地域全体を理解しデザインすることが求められる．これは，自立のための就労の機会提供となる農福連

携以上に地域との関わりを重視した取組みであり，少子高齢化を迎えた地域活性化を考える際に非常に参考となる．すなわち，誰もが自立して生きることができる社会を創るには，地域に雇用があり近くで生活できる地域デザインの精神が必要になる．

(3) 社会意識の変化

様々な社会的課題に対して取り組む考え方も変化をしてきている．たとえば，日本でも広がりを見せているCSR（corporate social responsibility：企業の社会的責任）の考え方に基づいて企業は様々な社会貢献活動を行っている．これは，本業に関わりの深い取組みの中で，コンプライアンスや環境マネジメント，社会貢献活動として行われることが多い．

近年では，CSRに続く考え方として，CSV（creating shared value：共通価値の創造）が注目されている．これは，企業や組織が社会的な課題に取り組むことで，新たな社会的価値を創造し，あわせて組織体の価値を高め競争力を得て経済的な価値も伴うことを目指す考え方である．これらCSRとCSVの概念は，活性化を目指す地域デザインを考える際には相性の良いものである．

また，2015年に国連で採択されたSDGs（Sustainable Development Goals：持続可能な開発目標）の視点からは，社会，経済，環境に配慮した持続可能な地域社会づくりに取り組むことが求められており，また，世界の投資の対象が，環境や社会に配慮する会社や組織に投資していくESG（environment, social, governanceの頭文字）投資を積極的に行う傾向にあり，ESGに配慮していない従来型の会社に対する投資をESGに対する配慮を行う会社への投資に組み替える現象も起きている．このESG投資も，誰もが生きやすい社会を目指す福祉領域からアプローチしている地域デザインとは相性が良い．

このように，地域デザインを取り巻く環境も大きく変化をしており，これらの概念は，福祉的な概念も含む地域デザインモデルの確立とブランド化を目指す場合には取り込むべきものである．

d. 地域のブランド化

外向きの地域デザインを行うためには，地域内にある限られた資源を地域外の人に理解してもらわなくてはならない．地域内で評価が高いものであっても，地域外で手に入れることができない，手に入れられても理解することができないのであれば，その資源は地域内でしか受け入れられない．地域外でも評価されるように価値をもたせ地域の活性につなげるためには，すなわち地域外の人に見つけ

て理解してもらえるようにするために，誰でも理解できるように共通の価値観に翻訳し，伝える必要がある．その共通言語となる価値を創ることが，地域のブランド化を進めることにつながる．

　すなわち地域にある品質の高い地場野菜などの資源について，地域外の人が理解できるように発信することが必要であり，地域外から新しい手法を導入して価値あると思われるものを新たに創りだすことではない．すでに地域にある資源に特有な価値を見出し，誰でもがその価値について気がつき理解できるように可視化することである．地域にある資源の魅力を地域外に伝えるために，共通言語になる価値を創造することによって地域が広く知られブランド化し，地域力を高めることになる．

〔川嶋　舟〕

文　献

1) 厚生労働省・農林水産省（2017）：福祉分野に農作業を Ver.5（平成29年5月版）．

❖ 14-3　農地利用のデザイン

a．地域の農地利用

　日本農業は現在，耕地面積の長期的な減少に直面している．これは作物生産にとって重要な生産基盤の減少を意味している．経済発展とともに耕作放棄より転用が多い時期が続いたが，近年は農業の交易条件の困難さによる耕作放棄が増加している[5]．耕作放棄は農地の需要に対して供給が過多になった結果生じる[1]が，近年は需要側が大きな要因となっている．すなわち耕作放棄の発生は，農業従事者の高齢化や担い手不足によるところが大きい[14]．耕作放棄された農地への対応としては，転用して農業以外の用途に利用することと，農地として利用することの2パターンが考えられる．農地は一度荒廃すると元の状態に戻すことは難しく，また一度農地でなくなると農地に戻すことが難しいことから，地域農業の維持のためには農地を地域の資源として利用していく必要がある．

　しかし，農業従事者の高齢化や担い手不足に起因するマンパワー不足が原因で耕作放棄が発生している現状では，すべての農地を利用することは難しく，選択的に利用していく必要がある．農林水産省も農地に対して選択的に施策を行っている．そこで，本節では耕作放棄された農地に対する農林水産省の施策について整理，検討することを通じて，今後の農地利用について考察する．

b. 遊休農地と荒廃農地

耕作放棄された農地に関する用語にはいくつかあるが，大きく3つに分類できる．すなわち耕作放棄地，遊休農地，荒廃農地であり（表14.1），定義や調査方法が異なるため，それぞれの面積も異なる．耕作放棄地は農林業センサスにおける統計用語で，施策の直接的な対象とはなりにくい．これに対して，遊休農地と荒廃農地は農業委員会が調査を行い，それに基づいて施策が行われる．遊休農地は農地法にその措置が記載されている対象農地であり[3)]，また荒廃農地は通常の

表14.1 農林水産省による耕作放棄農地の分類

根拠	不耕作農地の種類	定義
農林業センサス	耕作放棄地	以前耕作していた土地で，過去1年以上，作物を作付け（栽培）せず，この数年の間に再び作付け（栽培）する意思のない土地．
農林水産省 農村振興局長通知	荒廃農地	現に耕作に供されておらず，耕作の放棄により荒廃し，通常の農作業では作物の栽培が客観的に不可能となっている次のいずれかに該当する農地． ① 笹，葛等の根の広がる植物が繁茂しており，地表部の草刈りのみでは作物の栽培が不可能な状態の農地． ② 木本性植物（高木，灌木，低木等）を除去しなければ作物の栽培が不可能な状態の農地． ③ 竹，イタドリ等の多年生植物が著しく生長し繁茂する等により，作物の栽培が不可能な状態の農地． ④ 樹体が枯死した上，つるが絡まる等により，作物の栽培が不可能な状態にある園地． ⑤ ①から④までに掲げるもののほか，現場における聞き取り等から明らかに荒廃農地と判断される農地．
農林水産省 農村振興局長通知	再生利用が可能な荒廃農地	荒廃農地のうち，抜根，整地，区画整理，客土等により再生することにより，通常の農作業による耕作が可能となると見込まれるもの．
農林水産省 農村振興局長通知	再生利用が困難と見込まれる荒廃農地	荒廃農地のうち，農地・非農地判断基準第3の規定に照らし，森林の様相を呈しているなど農地に復元するための物理的な条件整備が著しく困難なもの，又は周囲の状況からみて，その土地を農地として復元しても継続して利用することができないと見込まれるものに相当するもの．
農地法	1号遊休農地	現に耕作の目的に供されておらず，かつ，引き続き耕作の目的に供されないと見込まれる農地．
農地法	2号遊休農地	その農業上の利用の程度がその周辺の地域における農地の利用の程度に比し著しく劣っていると認められる農地．

農林水産省「荒廃農地の発生・解消状況に関する調査要領」，農林水産省「農林業センサス」より作成

農作業では作物の栽培が不可能となっている施策対象の農地を指している[11]．そこで，本節では遊休農地と荒廃農地をとりあげることにする．

(1) 遊休農地

遊休農地は，農業委員会が管内すべての農地に対して行う利用状況調査によって把握されている．同調査は農地法第30条に基づいて行うもので，2010年以降，毎年行われている．なお，遊休農地に関する措置は近年始まったものではなく，すでに1989年の農用地利用増進法（1993年からは農業経営基盤強化促進法）に記載がある[17]．

農地法第32条で定めているように，その農地の農業上の利用意向の調査（利用意向調査）が行われる．その結果に基づいて，利用も貸付けもされない遊休農地は，最終的には農地中間管理機構に利用権を設定することが多い．

農地法第32条によれば，遊休農地は「現に耕作の目的に供されておらず，かつ，引き続き耕作の目的に供されないと見込まれる農地とその農業上の利用の程度がその周辺の地域における農地の利用の程度に比し著しく劣っていると認められる農地（原文まま）」のことである．前者は1号遊休農地，後者は2号遊休農地と呼ばれる[14]．2013年の農地法改正以降は，耕作放棄地予備軍[10]の把握も行っており，耕作に従事する者が不在，あるいは不在となることが確実な場合，農地の所有者に対して利用意向調査が行われている．

(2) 荒廃農地

2008年から，「荒廃農地の発生・解消状況に関する調査（以下，荒廃農地調査）」が行われており，2018年9月時点で2016年までの調査結果が公表されている．調査開始当初の名称は，「耕作放棄地全体調査」であった．荒廃農地調査は，市町村と農業委員会が共同で行う[11]．荒廃農地は再生利用が可能な荒廃農地と，再生利用が困難と見込まれる荒廃農地との2つに分類され，前者は，1号遊休農地と同じとされている[14]．

荒廃農地の面積は遊休農地の面積より大きく，2010年以降は約30万ha弱で推移している（図14.5）．その内訳を見ると，再生利用が困難と見込まれる荒廃農地の割合が増加しており，農地の荒廃化が懸念される．

c. 耕作放棄された農地への対策

耕作放棄された農地に対する対策の基本方針として，農林水産省は2015年3月31日に閣議決定された食料・農業・農村基本計画において，「荒廃農地の発生防止・解消等について，農業者等が行う荒廃農地を再生利用する取組を推進すると

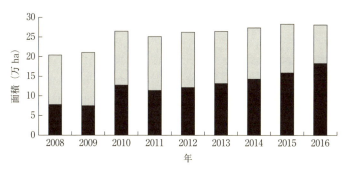

図 14.5 荒廃農地面積の推移（農林水産省「荒廃農地の発生・解消状況に関する調査結果」各年度より作成）面積は実績値．

表 14.2 耕作放棄された農地についての主な政策

施策	実施年度	対象農地
農用地利用増進法	1989 ～ 1993	遊休農地
農業経営基盤強化促進法	1993 ～ 2009	遊休農地
農地法	2009 ～	遊休農地
特定法人貸付事業	2005 ～ 2009	—
耕作放棄地再生利用緊急対策交付金	2009 ～ 2018	1 号遊休農地
農地中間管理機構	2014 ～	1 号遊休農地
荒廃農地等利活用推進交付金	2017 ～	1 号遊休農地・2 号遊休農地

ともに，再生利用可能な荒廃農地の農地中間管理機構への利用権設定を進めることにより，荒廃農地の発生防止と解消に努める」としている[13]．以下，耕作放棄された農地への主な対策（表 14.2）について見てみよう．

(1) 耕作放棄地再生利用緊急対策交付金

耕作放棄地再生利用緊急対策交付金事業は 2009 年から行われており，2018 年が最終年度である．本事業の交付金は再生利用が可能な荒廃農地（1 号遊休農地）の再生作業，土壌改良，営農定着，就農研修，経営展開などに支給されるもので[12]，会計検査院の決算検査報告によると，2009 年から 2014 年までに少なくとも 6259 件の再生作業が全国で行われた[6]．

(2) 荒廃農地等利活用推進交付金

上で述べた耕作放棄地再生利用緊急対策交付金事業では耕作放棄された農地の再生利用が対策の中心であったが，2017 年度に始まった荒廃農地等利活用推進交付金事業は，再生利用と発生防止の両者を目的とした対策と位置づけられる．再

生利用では1号遊休農地，発生防止では2号遊休農地が，それぞれ対象となっている．

農林水産省の行政事業レビューシートを利用して荒廃農地の再生実績を整理すると，耕作放棄地再生利用緊急対策交付金により2010年から2017年までの累積で6293 haの荒廃農地が再生しているが，2012年以降は1000 haを下回っている．また，荒廃農地等利活用推進交付金によって2017年には86 haの荒廃農地が再生した．これらの2つの事業による荒廃農地の再生は，再生面積の統計よりかなり少なく，両事業を利用しない荒廃農地の再生利用が多い可能性が高い．

(3) 農地中間管理機構

農地中間管理機構は担い手への農地集積と集約化を目標とした組織である．それを実現するために整備されたが[10]，耕作放棄された農地の利用権を同機構に設定するなどして，耕作放棄された農地の引き受け手ともなっている．

農林水産省によると，2015年の遊休農地面積は約13万haであるが，2017年1月に農地中間管理権の取得に関する協議の勧告が継続している農地は88 haしかない[15]．したがって，ほとんどの遊休農地に対して勧告が行われていないことになる．この勧告を経ないと農地中間管理機構に利用権を設定できないため，同機構は遊休農地の解消に貢献できていない可能性が高い．

農地中間管理機構の基本スタンスとしてはすべての耕作放棄地を引き受けるのではなく，木本が侵入しているような農地は対象としない[18]．農地中間管理機構が引き受ける農地は，再生利用が可能な荒廃農地（1号遊休農地）ということができよう．

d. 耕作放棄地された農地への対策を考える

ここまでに取り上げた耕作放棄農地の対策は，いずれも2000年以降に始まったものである．荒廃農地調査の開始，農地法の改正，農地中間管理機構制度の開始など，様々な耕作放棄された農地への対策がとられてきた．これらの対策は，再生利用が可能な荒廃農地（1号遊休農地）を主な対象としたものであった．本節の最後にどのような農地の利用をしていくべきかを考えてみる．

(1) 農地の荒廃

再生利用が可能な荒廃農地（1号遊休農地）は，2015～2016年に2.7万ha減少している．この減少が再生利用されたものか，再生利用が困難と見込まれる荒廃農地になったものかは明らかではない．荒廃農地からの再生面積は公開されており，2015～2016年に約1.7万haが再生されている．ただし，再生利用が困難

と見込まれる荒廃農地の面積も同じ時期に約2.3万ha増加している．耕作されていた農地が，1年間で再生利用が困難と見込まれる荒廃農地になることは考えにくいため，大部分は再生利用が可能な荒廃農地（1号遊休農地）に由来するものであろう．以上のことから，農地の荒廃化が進行していると考えられる．

農地の荒廃が進行していくと，最終的には非農地と判断されることになる．2008年以降は，農業委員会が非農地判断を行うよう農林水産省から通知が出ている．非農地とは「その土地が森林の様相を呈しているなど農地に復元するための物理的な条件整備が著しく困難な場合，もしくは，その土地の周囲の状況からみて，その土地を農地として復元しても継続して利用することができないと見込まれる」農地のことをいう．非農地は，再生利用が困難と見込まれる荒廃農地がさらに荒廃したもので，農業委員会が非農地と判断した土地は荒廃農地調査や利用状況調査の対象とはならない．農地の利用状況調査では農地台帳に載っている農地が対象なので，非農地は調査対象ではない．非農地は原野化しており，農地の面的な集積を阻害する可能性があるため，大きな問題である．

耕作放棄地面積は1995年に約24.4万ha, 2000年に約34.3万ha, 2005年に約38.6万ha, 2010年に約39.6万ha, 2015年に約42.3万haと，ここ20年ほどで約20万ha増加したが，その増加率は低下している（図14.6）．

この耕作放棄地の増加率の低下を中山間地域等直接支払制度などの施策の成果と見る意見もある[16]．ただし，ここで注意しなければならないのは，耕作放棄地の調査では原野化したものをカウントしていないことである[4]．なお，ここで見た農地の荒廃は，現在までに施策が適切に運用されていれば，防げた可能性がある．

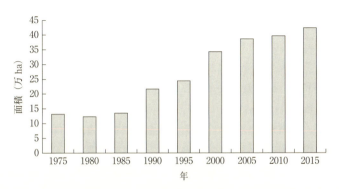

図14.6 耕作放棄地面積の推移（農林水産省「農林業センサス」各年度より作成）

(2) 地域の農地利用を考える

以上，耕作放棄された農地への対策と農地の荒廃の進行について見てきた．最後に，今後の展望について考えておきたい．

耕作放棄されて時間が経過すると，復田コストが上昇する[2]ため，再生作業に必要なコストが少ないうちに耕作放棄地を再生させるのが望ましい．著者らはすでに，耕作放棄されているが荒廃農地になっていない農地の対策を講じていくこと[7]や，耕作放棄されてから5年以内の耕作放棄地が多い地域で対策をとっていくことを提案した[8]．この提案を実現していくためには，東日本大震災の被災農地を被害程度で分類するアイデア[9]のように，耕作放棄地を荒廃の進行程度によって分類することが必要である．とくに，農業従事者の高齢化や担い手不足が進行している地域では有用な考え方である．

先に考察したように，統計上は再生利用が可能な荒廃農地（1号遊休農地）であっても荒廃が進行している可能性があり，これらの荒廃した農地は再生困難な状態になっているかもしれない．したがって，耕作放棄された農地を荒廃の進行の程度で分類するだけでなく，地域の農地利用計画を考え，デザインしていくことが必要であろう．そうすれば，再生利用が困難と見込まれる荒廃農地でも，再生することによって，農地が面的に集積できる可能性がある．

耕作放棄の発生は主にマンパワーの不足によるものであり，再生利用が可能な荒廃農地（1号遊休農地）を中心に施策を行うにしても，農地の引き受け手の確保は重要である．その場合，一般法人が農業参入して耕作放棄された農地を引き受けることも選択肢として考えられる．

事実，2003年に農地リース特区制度が導入され，構造改革特区で一般法人が農業参入できるようになった．同制度は2005年に特定法人貸付事業として全国に展開した．この制度の場合，耕作放棄地が多い地域，耕作放棄地になるおそれのある農地が多い地域が対象だった．農地法の改正に伴い，全国のどこでも農地の貸借によって一般法人の農業参入が可能になった．ただし，農業参入した一般法人が地域との調和を考慮した行動をとるとは限らないため，それも含めて議論する必要がある．

もう1つ考えた方がよいのは，農業からの撤退である．日本は人口減少が進行しており，農業従事者も減少しているため，すべての農地を利用することは難しく，利用していく必要もない．現在よりも少ない農業生産で社会を維持していける可能性もある．

そこで，耕作放棄された農地を，①森林に戻して農業からの撤退を検討する農地，②保全管理を行う農地，③すぐに耕作を再開する農地の3つに分類する．そして，農地が分散しないように，集団的に利用できるように集積していけばよい．その際，地域農業のグランドデザインを行い，それを踏まえて地域における農地利用を計画していくことが重要になる．　　　　　　〔桐山大輝・森田茂紀〕

文　献

1) 安藤光義（2007）：農林金融，**60**（10）：518-527.
2) 有田博之他（2003）：農業土木学会論文集，**71**（3）：383-388.
3) 原田純孝（2018）：土地総合研究，**26**（2）：80-110.
4) 細山隆夫（2008）：日本の農業―2005年農業センサス分析―（小田切徳美編），pp.87-134，農林統計協会．
5) 飯島充男（2011）：商学論叢，**79**：103-121.
6) 会計検査院（2015）：平成26年度決算検査報告．
   http://report.jbaudit.go.jp/org/pdf/H26kensahoukoku.pdf［2018年9月30日閲覧］
7) 金井一成他（2018）：エネルギー作物学（森田茂紀編著），pp.83-99，朝倉書店．
8) 桐山大輝他（2018）：日本作物学会紀事，**87**（3）：263-264.
9) 森田茂紀・阿部　淳（2013）：農業および園芸，**88**（9）：895-900.
10) 内閣府（2013）：日本再興戦略 JAPAN is BACK.
    http://www.kantei.go.jp/jp/singi/keizaisaisei/pdf/saikou_jpn.pdf［2018年9月30日閲覧］
11) 農林水産省（2008）：荒廃農地の発生・解消状況に関する調査要領．
    http://www.maff.go.jp/kyusyu/keikaku/kousakuhoukiti/pdf/jnousintikeihoukitipdfyouryoupdf24.pdf［2018年9月30日閲覧］
12) 農林水産省（2009）：耕作放棄地再生利用緊急対策実施要綱．
    http://www.maff.go.jp/j/nousin/tikei/houkiti/h_taisaku/attach/pdf/index-3.pdf［2018年9月30日閲覧］
13) 農林水産省（2015）：食料・農業・農村基本計画．
    http://www.maff.go.jp/j/keikaku/k_aratana/pdf/1_27keikaku.pdf［2018年9月30日閲覧］
14) 農林水産省（2017a）：荒廃農地の現状と対策について．
    http://www.maff.go.jp/j/nousin/tikei/houkiti/attach/pdf/index-4.pdf［2018年9月30日閲覧］
15) 農林水産省（2017b）：利用意向調査を行った遊休農地の農地中間管理機構への情報提供及び農地中間管理機構による判断に係る留意事項等について．
    http://www.niikaigi.or.jp/01620180703.pdf［2018年9月30日閲覧］
16) 大泉一貫（2010）：日本不動産学会誌，**23**（4）：66-72.
17) 関谷俊作（2002）：日本の農地制度，pp.228-320，農政調査会．
18) 谷本一志（2014）：農業および園芸，**89**（9）：883-888.

第15章 都市農業のデザイン

✤ 15-1 都市で営まれる農業

　農業という言葉を聞いたとき，多く人々は地方（田舎）の広大な大地で営まれる農業を想像するのではなかろうか？　事実，日本国内で生産される農産物の多くは地方で生産され，人口の集中する都市に運ばれて都市住民の食卓に並んでいる．しかし日本では，人口が集中している都市においても，住宅と住宅の間の狭小面積で数多くの農業が営まれており，世界的に見ても珍しい特徴となっている．このような，都市部の狭小面積で農家自身によって営まれる個人的農業は特殊なもので，日本独自の文化的遺産といわれている[1]．そこで本章ではまず，なぜ日本では都市部の狭小空間で農業が営まれているのか，その誕生の背景について解説する．

a. 都市農業誕生の背景

　『広辞苑 第七版』で「都市」を引くと，「①みやこ．都会．都邑」のほかに，「②一定地域の政治・経済・文化の中核をなす人口の集中地域……」とある．地方自治法では，市全般について，また政令指定都市や中核都市，その他，東京都特別区（いわゆる23区）について定義されている．これらを見てみると，都市が人口集中地域であることがわかる．人口が集中する都市では，人々が快適かつ健康で文化的な生活を送れるように，彼らの生活環境を整える必要がある．その際に重要になるのが，都市をより良くするための計画，いわゆる「都市計画」に則った土地開発である．

　都市では，居住地域，商工業地域，行政サービス地域，そして農地など，様々なスペースで構成されるが，戦後の高度経済成長期に行われてきた都市開発では，それらのスペースの中で農地以外のスペースの整備が優先して進められ，農地は減少の一途をたどっていった．その要因の1つとして，1969年に都市計画法が施

行され，これに基づく市街化区域と市街化調整区域の設定などがあげられる．しかしながら，このように都市化の進む中でも，都市の中で長年農業を営んできた農家らは，何とか農地を守りつつ経営を続けてきた．

その後も，都市の農地は農家の高齢化や担い手不足から減少傾向にあり，市街地化の進む過程の中で不要と見なす都市住民の声が多数であった．しかし，近年その動向に変化が見られている．その背景には，都市農業の多面的な機能・役割への関心の高まりがあげられる．農業の基本的な役割としてまずあげられるのが，新鮮な農畜産物の供給であろう．

しかし，都市での農業にはこの生産面における役割のほかに，災害発生時のオープンスペースの確保や，自然が減少する都市部においては数少ない緑地スペースの提供など様々な役割を担っている．このような観点から，都市での農業の確立を求める声は2000年代中盤から高まり[2]，それを受けて2015年に都市農業振興基本法が成立し，都市と都市住民が，農業や農地を求める時代になった．

2015年に制定された都市農業振興基本法では，基本理念として，①都市農業の多様な機能の適切かつ十分な発揮と都市農地の有効な活用および適切な保全が図られるべきこと，②良好な市街地形成における農との共存が図られるべきこと，③国民の都市農業の有する機能等の理解のもとに施策が推進されるべきことがあげられている．これを受けて，国や地方公共団体は都市農業振興基本計画や地方計画を策定することが求められ，その計画のもとに都市の農業振興に関わる種々の施策が動き始めている．この法律により都市農地は，生産とそれに付随する多面的機能の発揮のために都市に必要な用地と位置づけられた．

b．都市農業の多面的機能

都市農業振興基本法では，都市農業の機能[7]として以下の基本理念があげられている．

① 地産地消による新鮮で安全な食料の供給
② 身近な農業体験・交流活動の場の提供：実際の農作業を通じた食農教育，環境教育などの場を提供する．また市民農園での農作業は参加者の生きがいづくりにもなり，利用者どうしの交流機会を創出する．
③ 防災空間の確保：都市農地は地震や火災などの災害が発生した場合の避難場所や，仮設住宅建設用地などのための防災空間としての役割が期待される．また火災時には延焼の遮断空間となり，拡大を防ぐ役割も担う．
④ 緑地等としての良好な景観の形成：緑地面積の少ない都市において，数少な

い緑のオープンスペースを提供する．コンクリートやアスファルトで囲まれた都市空間の中に癒しのある緑の景観を生成する．
⑤ 国土・環境の保全：雨水が少しずつ地中深く浸透し，地下水として涵養される．また都市特有のヒートアイランド現象（都市中心部の気温が郊外に比べて島状に高くなる現象のこと）の緩和に期待される．
⑥ 農業への理解の醸成：農産物直売所での農産物販売や，観光農園・体験農園などを通じて，生産者（農家）と消費者（都市住民）が直接関わる機会を創出し，都市農業への理解促進を図る．

上記，多面的機能の中で現在，とくに注目されているのが防災機能である．都市農業のもつ防災機能に注目が向けられたきっかけは，1995年に発生した阪神・淡路大震災といわれている．当時，多くの都市農地が避難地や避難路として活用されたという．

そこで近年では，農家が所有する農地について，地方自治体と農家，JAとの間で災害発生時の避難空間・仮設住宅建設用地などとして利用する内容の協定を自主的に締結するケースが増えている．このような農地を「防災協力農地」と呼ぶ．現在，7都府県61自治体でこのような農地が見られており，今後発生しうる災害に備えて増えることが期待される．

c. 都市農業と生産緑地法

先に示したとおり，都市農地のもつ緑地機能は都市のオープンスペースとしての機能や良好な景観形成に不可欠である．また，単に農地として維持するのではなく，農業が営まれることで緑地機能は発揮される．そのため，農業やそれに付随する活動が営まれるように，都市内に農地が保全される必要がある．都市計画に則って市街化区域が設定されると，都市農地は都市計画法や生産緑地法などの複数の法律によって居住スペースや商工業スペースに転換されず，計画的に都市域内に保全されるようになる．

生産緑地法は農地保全の法律ではあるが国土交通省の所管で「生産緑地地区に関する都市計画に関し必要な事項を定めることにより，農林漁業との調整を図りつつ，良好な都市環境の形成に資すること」を目的としており（第1条），良好な都市環境の形成を重視した法律であると読み取れる．第3条で生産緑地地区の条件を規定し，その条件には，都市計画法で定められた市街化区域内で，災害防止や都市環境の保全等の生活環境の保全に効果があり，一定の面積があって農林漁業の継続が可能であることなどがあげられている．生産緑地は農業が営まれてい

るということが生活環境の保全上有効であると認識されて指定されるため，農地等として維持しなければならない（第7条）など，土地利用に関する種々の規定（制限）がある．

一方，この条件を満たして生産緑地に指定されると，固定資産税や相続税などの税制面で優遇措置が受けられる．国土交通省の資料による市街化区域の面積は2015年には約145万haあり，そのうちの0.9％にあたる13442haが生産緑地に指定されている[3]．先に示した農業従事者の高齢化や離農傾向によって，都市農地の維持が困難となる可能性が出てきている．

しかし，都市農業振興基本法が施行され，同法に基づき策定された都市農業振興基本計画では，従来，「宅地化すべきもの」とされていた都市農地の位置づけを，都市に「あるべきもの」へと転換した[6]．生産緑地の指定は都市の生活環境の保全が目的であることは先に示したとおりである．それに加えて，都市農業振興基本法で掲げられた都市における農業体験や都市住民の農業への理解の醸成機能が発揮されるためには単に都会化した地域に農地があるだけではなく，そこで農業が営まれ，農家と直接向き合う機会が増えることが必要である．

また，単に農家や農地管理者が主体の活動にとどまらず，都市住民の農業体験の場となることも必要となる．そのため，都市農地や生産緑地の維持・活用に関する様々な動きがみられる．現在，生産緑地は単に生産機能を有するのみではなく，直売所や農家レストランなどの生産物の販売施設の設置も可能となっている[6]．

d. 生産品目で見る都市農業の現状

農林水産省の統計資料によると，2017年における全国の農地面積は約444万4千haあり，農業地域類型で分類された4類型（都市的地域，平地農業地域，中間農業地域，山間農業地域）のうち28％に当たる122万haが都市農地に当たる[6]（本章では「都市的地域」に分類される地域で営まれる農業を都市農業と定義する）．都市農地で営まれる農業算出額はおよそ3兆772億円にのぼり，日本全体の33％を占めている．これを品目別に見ると野菜が最も多く1兆343億円，次いで畜産物7912億円の順である（図15.1）．また，全国の農業算出額に占める都市的地域のシェアを見ると，限られた農地においてビニール温室やガラス温室を利用した技術集約的な栽培が可能であり，かつ付加価値の高い野菜，果実，花き（草花のことを農業用語では「花き」と呼ぶ）において40％以上を占めている（図15.2）．

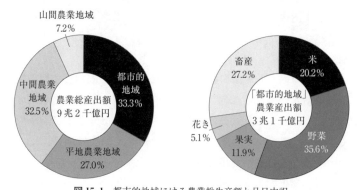

図 15.1 都市的地域における農業総生産額と品目内訳
農業総産出額については,農林水産省「市町村別農業産出額(推計)」[6] をもとに筆者作成. 都市的地域の農業産出額については「市町村別農業産出額(推計)」[6] から都市的地域を抜粋し筆者作成.

都市農地内での農業算出額で第 2 位 (7912 億円) を占める畜産物について見ると,都市的地域のシェアは 25% に留まっている.その背景として,家畜やその排せつ物に起因する臭気問題があげられる.都市化が進み住宅に取り囲まれるようになった都市農地では,近隣住民からの臭気に対する苦情などから経営しづらい状況も報告されており,畜産業で顕著といえる.ただし,家畜排せつ物は,上記のような問題発生の一要因となる一方で,肥料や土壌改良資材といった利用価値のある貴重なバイオマス資源でもある.今後,都市的地域でも家畜排せつ物管理の適正化により,資源の有効活用の図られることが期待される.

15-2 都市住民が創る都市農地「市民農園」

a. 都市住民と市民農園

近年,都市部に市民農園が次々と開設されている.市民農園とは,簡単にいうと都市住民が趣味として自家用の野菜や花を栽培する小さな農園(農地)のことである.農家個人が所有する農地(私有地)を市民に貸し出すことで,ある種の公共性が発生するという特殊な緑地空間である.農林水産省の統計によると,全国の市民農園の開設数は 2016 年現在 4178 か所に見られ年々増加傾向にあり,その約 80% が都市的地域に集中しているという[8](図 15.3).特に三大都市圏に着目すると,市民農園を利用するための申込み倍率は毎年 2〜4 倍となっており供給不足の状態にある.このように市民農園が都市部で多く見られる背景には,都市

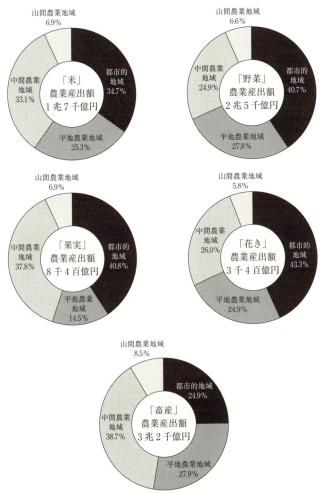

図 15.2 品目別にみた都市的地域の農業産出額
農林水産省「市町村別農業産出額（推計）」[6] をもとに筆者作成．

住民の間で余暇利用を目的とした農業が人気を集めていることがあげられる．

その一方で，市民農園は都市の遊休農地対策の一助ともなっている．都市部でも地方同様に農家の高齢化や後継者不足から遊休農地が増加している．このまま遊休農地が増え続けると，前節で説明した都市農地のもつ多面的機能が発揮されない状態になりうる．そこで，遊休農地を市民農園として整備し都市住民に開放し利用してもらうことで多面的機能を維持するという役割も担っている．

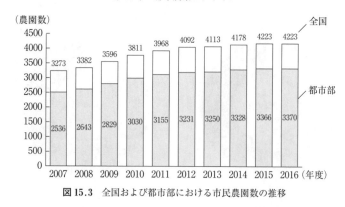

図 15.3 全国および都市部における市民農園数の推移

b. 市民農園の成り立ち

わが国の市民農園は，1924 年に京都でイギリスのアロットメントガーデン（イギリスで展開される市民農園のこと．18 世紀末に当時貧困にあえいでいた都市労働者を救済するために，聖職者や一部の領主が土地を彼らに割り当て，食料を自給させたことが起源といわれる）を手本に，園芸愛好家の集まりであった「京都園芸倶楽部」によって作られた分区農園が発祥といわれている[4]．この分区農園は，戦後の農地法によって農家以外に農地を貸し出すことが禁じられたため，広くは普及しなかった．

その後 1960 年代に入ると，都市化の進展によって都市住民の菜園へのニーズが高まりを見せた一方で，遊休農地が増加したこともあり，その対策として市民農園は急速に広がりをみせた[2]．このとき，農地法に違反しない範囲で市民農園を開設するために，各農家では市民に農地を「貸す」のではなく，市民から入園料を徴収してその利用を許可する方式，つまり農家が農業経営を行い入園者（都市住民）が農作業体験を行うという「入園契約方式」の市民農園が普及した．

こうした市民農園開設の動きを受け，国も 1989 年「特定農地貸付けに関する農地法の特例に関する法律」を制定した．これにより農家以外の第三者である行政や JA が農家から土地を借り，それを市民に貸すことが法的に可能となった．この法律をもとにした開設方式を「特定農地貸付方式」と呼ぶ．さらに翌年の 1990 年には，市民農園の施設整備や各種手続きがより円滑に進められるように「市民農園整備促進法」が制定され，洗い場や駐車場そして休憩所といった付帯施設の設置が可能となった．

現在，実際に市民農園を利用しようとした場合，いくつかの種類がある．区画

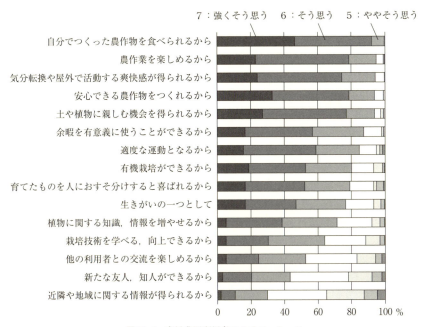

図 15.4 市民農園利用者のモチベーション

のみ貸し出されているものから，農具や水道設備，栽培指導員が常駐するなど，設備やアフターフォローの整っているものまで多岐にわたる．主に行政やJAそして農家などで運営される市民農園では，30 m^2 の農地が年間 3000 〜 5000 円の利用料金で貸し出されている事例が多い[9]．その一方で，設備などが充実しているところでは年間利用料金が 20000 円を超える場合もある．

c. 市民農園での余暇実態

市民農園での農作業が余暇活動の1つとして捉えられるようになった現在，都市住民は農作業を通じてどのように余暇の充実をはかっているのだろうか．市民農園を利用する都市住民は，一言に余暇活動といっても様々な目的をもって活動していることがわかっている．

市民農園利用者へのアンケートによると[5]，「自分でつくった農作物を食べられるから」「農作業を楽しめるから」「気分転換や屋外で活動する爽快感が得られるから」「安心できる農作物をつくれるから」などへの回答率（7「強くそう思う」〜 5「ややそう思う」の合計）が高く，ほぼすべての利用者が農作物の栽培や収穫を通じた精神的な充足を求めていることがわかる．その一方で「他の利用者と

の交流を楽しめるから」「新たな友人，知人ができるから」といった農園利用を通じた交流に関わる項目では回答率が50％前後と，利用者によって意見が分かれる（図15.4）.

　これは利用者の年齢層や利用頻度に関係があると見られており，毎日のように市民農園に通うシニア世代では，交流に対する目的意識が高い傾向にある．多くのシニア世代では，農園を訪れる時間帯が重なることで交流が生まれており，結果として新たなコミュニティー形成の一助となっているとみてとれる．子育て世代の利用者では休日を中心とした利用となり，週に1〜2回程度の利用頻度となっている．彼らは単独で利用というよりも，家族で利用する傾向にあり，子どもの情操のために利用している例も見受けられる．

　このように市民農園での農作業は，都市住民の幅広い層の充足感を満たしているといえるが，一方でトラブルも起きている．区画を借りたものの管理が行き届かず，雑草が生い茂って虫の住みかとなり，近隣の区画に害虫被害の発生する事例が多数報告されている．今後，区画管理について利用者と運営者間のルール改正や適切な指導体制の整備が求められており，これらの課題を解決して都市住民にとって快適な市民農園ライフの充実が図られることを期待したい．

〔御手洗洋蔵・松嶋賢一〕

文　献

1) 東　正則（2010）：農業で都市を蘇らせる─日本型環境共生都市を目指して─，農林統計出版．
2) 樋口めぐみ（1999）：人文地理，**51**（3）：291-304．
3) 国土交通省（2015）：都市交通調査・都市計画調査．2 都市計画地域，市街化区域，地域地区の決定状況．
   http://www.mlit.go.jp/toshi/tosiko/toshi_tosiko_tk_000017.html［2018年12月27日閲覧］
4) 廻谷義治（2008）：農家と市民でつくる新しい市民農園─法的手続き不要の「入園利用方式」─，農山漁村文化協会．
5) 御手洗洋蔵・松嶋賢一（2017）：環境情報科学論文集，**31**：237-240．
6) 農林水産省（2018）：平成29年度 食料・農業・農村白書．
7) 農林水産省（2018）：都市農業の6つの機能．
   http://www.maff.go.jp/j/nousin/kouryu/tosi_nougyo/t_gaiyo.html［2018年9月19日閲覧］
8) 農林水産省（2018）：都市農業をめぐる情勢．
   http://www.maff.go.jp/j/nousin/kouryu/tosi_nougyo/t_gaiyo.html［2018年8月28日閲覧］
9) 湯沢　昭（2012）：日本建築学会計画系論文集，**77**（675）：1095-1102．

索　引

欧　文

AAA　135
AAE　135
AAI　135
AAT　135
BMI　117
CSR　165
CSV　165
EPA　8
ESD　28
ESG 投資　165
GEN　20
GRIT　27
HDI　111
IWI　111
JICA　13
NCDs　117
PDCA サイクル　32
PISA　24
QOL　129, 153
SDGs　4, 28, 144, 165
TPP　8
well-being　26, 110
WQ ブランド　34

あ　行

愛玩動物　133
アグリビジネス　102
圧搾　93
アミノ酸組成　42
アミラーゼ　96
α化　89
アロットメントガーデン　180

遺棄　142
生きる力　30
1 号遊休農地　168
5 つの自由　139
遺伝資源　9
イヌ　53
命の教育　30
イノベーション　3

イノベーション農学　2
医福食農連携　144
インクルージョン　149, 163
インダストリアルデザイン　2

栄養機能　74
栄養機能食品　84
栄養状態　113
栄養消費　113
栄養摂取　113
栄養素　74
栄養不良の三重負荷　116
栄養不良の二重負荷　116
エキウム・カンディカンス　64
エキウム属植物　64
エネルギー自給率　40
エネルギー問題　1
園芸　128
遠心分離　93
塩蔵　89

か　行

カイコ　54
カイコガ触角センサー　59
外食　100, 103
外来生物法　63
化学センサー　48, 49
学習到達度調査　24
撹拌　93
可食化　88
カスケード利用　47
化石資源由来経済　39
過体重　116
価値観　163
家畜の恩恵　30
家畜排せつ物　178
家畜を介した食育活動　32, 33
ガーデニング活動　136
環境教育　33
環境適応性　58
環境保全　140
環境マネジメント　165
環境問題　1

感染症　7
乾燥　89
乾燥地　17
乾燥卵　90
環太平洋パートナーシップ協定　8
管理放棄　142

規格外品　104
基幹的農業従事者　145
企業の社会的責任　165
絹糸　42
技能実習生　146
機能性成分　82
機能性表示食品　84
基本味　77
嗅覚器　50
嗅覚受容細胞　50
嗅覚受容体　50
嗅覚受容体利用ロボット　59
嗅感覚子　50
嗅上皮　50, 55
教育　23
　心の——　31
教育ファーム　31
共通価値の創造　165
グランドデザイン　173
グリット　27
グルコアミラーゼ　96
グルコースイソメラーゼ　96

経営耕地面積　103
経済成長　111
経済発展　110
経済連携協定　8
ゲノム編集　48
ゲル化　94
ゲル化剤　95
限界集落　161
健康　110

高圧処理　93

索引

香気成分 78
後継者不足 9
耕作放棄 166
耕作放棄地 103, 145, 153, 167
耕作放棄地全体調査 168
恒常性 81
合成繊維 40
荒廃農地 167
高付加価値製品 45
高分子吸収体 47
酵母 55
合理的配慮 149
交流 182
高齢者 153
糊化 89, 94
国際協力機構 13
国際経済協定 8
心の教育 31
五大栄養素 74
コーディネーター 151
子ども 23, 31, 105
コミュニティー 182
コロンブスの卵 18
根系調査 15
コンサルティング 151
昆虫操縦型ロボット 57
混捏 93
コンパクトシティ 38
コンプライアンス 165

さ 行

災害 175
栽培技術 21
作業工程 148
サステイナビリティ農学 2
里地里山 153
砂漠 17
サヘルの森 17
産業管理外来種 63
サンバーン 43

飼育体験 136
紫外線遮蔽効果 43
色素成分 76
資源循環型社会 99
嗜好機能 74, 75
嗜好成分 75
市場流通 104
自然に学ぶ 20
持続可能な開発のための教育 28

持続可能な開発目標 4, 28, 144, 165
疾病環境 114, 120
指定障害者支援施設 151
シニア世代 182
篩別 92
脂肪吸着性 45
市民農園 178
社会意識 165
社会活動 130
社会貢献活動 165
社会情動的スキル 25
社会的緩衝作用 134
社会的企業 164
社会的効果 134
社会的包摂 164
臭気問題 178
就業率 146
就労移行支援事業所 147
就労機会 147, 150, 153
就労支援 144
授産施設 147
循環型社会 1
障害者雇用率 146
障害者雇用率制度 146
障害者差別解消法 149
障害者年金 147
消化管 42
少子高齢化 161
消費者 34, 105
食育 30, 34, 105
食育基本法 105
食習慣 120
食農デザイン 33
食の外部化 103, 104
触媒作用 134
触媒戦略 158
職場環境 149
食品 73
　——の成分 75
　——の匂い 78
食品加工 88, 100
食品偽装事件 105
食品機能 85, 86
食品産業 96
食品廃棄 106
食品リサイクル法 107
食品ロス 106
食物 73
　——のおいしさ 76

食物繊維 74
食用桑 45
食料安全保障 4
食料自給率 7
食料生産 146
食料品アクセス問題 101
食料品製造業 99
食料問題 1, 6, 8
触角 50
触角電図法 55
シルク 42
シルクタンパク質 45
人工脂質二重膜 57
人造絹糸 38
身体障害 147

水素付加 95

生活習慣病 82
生活の質 129, 153
生活満足度尺度A 129
生産者 105
生産農学 10
精神障害 147
精神の充足 85, 181
生態系被害防止外来種 63
生体親和性 43
生体調節機能 74, 81
生体分子 61
性フェロモン 54
生物の嗅覚 50
生命への感謝 34
セイヨウミツバチ 64
設計科学 1, 12
センサー 49
センチュウ 53

相対的貧困率 5
ソーシャルエンタープライズ 164
ソーシャルファーム 164

た 行

体格 113
体格指数 117
第3のシルク 46
唾液腺 42
単花蜂蜜 63

地域活性化 161, 165

索引

地域経済の活性化　156
地域社会　161
地域創生　161
地域デザイン　161, 162
地域力　166
知的財産権　8
知的障害　147
地方経済　9
地方創生　10, 155
着色料　77
注意力回復理論　127
中間技術　22
超高齢社会　82
長根苗栽培　18

呈味成分　77
適正技術　22
テクスチャー　79
デザイン　2, 12
デザイン工学　2
点滴灌漑システム　13

等価可処分所得　5
搗精　92
糖蔵　89
動物介在介入　135
動物介在活動　135
動物介在教育　135
動物介在療法　135
動物飼育　139
動物福祉　34, 140
動物触れあい　138
動物への配慮　34
特定農地貸付方式　180
特定保健用食品　84
特別用途食品　80, 85
都市　174
都市化　114
都市的地域　177
都市農業　174
鳥取大学乾燥地研究センター　13
トリクルダウン　5
トリレンマ　23
トレーサビリティ　68

な　行

内食　100
中食　100, 103
ナチュラルエコノミー　38
難消化性　45

匂い源探知ロボット　57
匂いセンサー　50
匂いセンサー昆虫　55
匂いセンサー細胞　56, 59
2号遊休農地　168
入園契約方式　180
人間開発指数　111
認識科学　1
認知的スキル　26
認知能力　24, 26

根研究学会　17
根鉢　18
根をデザインする　17, 20

農学1.0　10, 12
農学2.0　10, 12, 23
農業　144
農業委員会　168
農業参入　172
農業就業人口　145
農業従事者　145
農業生産　145
農業用水　14
農産物　104
農産物直売所　104
農地中間管理機構　168, 170
農地　167, 180
農地面積　177
農福連携　144, 164
農林業センサス　167
農林水産分野の多面的機能　1
ノーマライゼーション　163

は　行

バイオエコノミー　48
バイオセンサー　48, 52
バイオテクノロジー　48
バイオフィリア　122
バイオフィリックデザイン　123, 125
バイオマス資源　178
バイオミミクリー　36, 49
バイオミメティクス　36
バイオユース　49
培養細胞　56
蜂蜜　62
発育不良　116
発酵　89, 95

バリアフリー　164
パンデミック　7
伴侶動物　133
東日本大震災　172
非感染性疾患　117
人と動物の関わり　133
非認知能力　25
非農地　171
皮膚腺　42
品種　21
品種登録　8
ファシリテーター　31
フィンガープラン　38
フェロモン源探索行動　57
フェロモン受容細胞　54
フォッシルエコノミー　39
付加価値　3, 150, 177
服育　33
福祉　144
福祉作業所　147, 152
福祉就労　148
福祉団体　150
福祉的アプローチ　161
福祉領域　149
復田コスト　172
物理センサー　49
フードチェーン　104
ブラインドテスト　156
ブランド化　150, 156, 161
ブリコラージュ　17
文化の美意識　123
分区農園　180
粉砕　92
β-アミラーゼ　96
ペット　133
保育者　28
包括的富指標　111
防災　176
防災協力農地　176
訪問かいご　152
保健機能食品　82
ホメオスタシス　81
本能的美意識　123
翻訳　166

ま行

マイクロプラスチック 40
磨砕 92

水 14
蜜源植物 63
ミツバチ 54, 64
蜜ろう 69
緑の地球ネットワーク 20
ミラノ万博 6, 159

や行

遊休農地 167, 179

養蚕 152
幼児期 26
養蜂 64
余暇活動 181

ら行

酪農教育ファーム 31

リデザイン 163

リブランド 162
流通経路 104
緑地 175

レンネット 96

労働意欲 150
労働環境 150
労働力不足 154
ろ過 93
6次産業化 70, 152
ローヤルゼリー 70

編著者略歴

森田茂紀（もりた しげのり）

1954 年　神奈川県に生まれる
1983 年　東京大学大学院農学系研究科博士課程修了
現　在　東京農業大学農学部教授
　　　　東京大学名誉教授
　　　　農学博士

シリーズ〈農学リテラシー〉
デザイン農学概論　　　　　　　　定価はカバーに表示

2019 年 3 月 30 日　初版第 1 刷

編著者　森　田　茂　紀
発行者　朝　倉　誠　造
発行所　株式会社　朝　倉　書　店

東京都新宿区新小川町 6-29
郵便番号　162-8707
電話 03(3260)0141
FAX 03(3260)0180
http://www.asakura.co.jp

〈検印省略〉

© 2019〈無断複写・転載を禁ず〉　　　新日本印刷・渡辺製本

ISBN 978-4-254-40563-7　C 3361　　　Printed in Japan

JCOPY　〈出版者著作権管理機構　委託出版物〉

本書の無断複写は著作権法上での例外を除き禁じられています．複写される場合は，そのつど事前に，出版者著作権管理機構（電話 03-5244-5088, FAX 03-5244-5089, e-mail: info@jcopy.or.jp）の許諾を得てください．

東京農業大学「現代農学概論」編集委員会編
シリーズ〈農学リテラシー〉
現代農学概論
―農のこころで社会をデザインする―
40561-3 C3361　　A5判 248頁 本体3600円

食料問題・環境問題・エネルギー問題・人口問題といった、複雑にからみあう現実の課題を解決し、持続的な社会を構築するために、現代の農学は何ができるか、どう拡大・進化を続けているかを概説したテキスト。農学全体を俯瞰し枠組を解説する。

東京農大 森田茂紀編著
シリーズ〈農学リテラシー〉
エネルギー作物学
40562-0 C3361　　A5判 180頁 本体3000円

これからのエネルギー情勢を見据え、ますます重要になる再生可能エネルギーの1つ、バイオエネルギーの原料となるエネルギー作物を対象とした作物学・栽培学の教科書。食料との競合問題から非食用作物・非農地栽培といった視点を重視。

前東大 田付貞洋・元筑波大 生井兵治編
農学とは何か
40024-3 C3061　　B5判 192頁 本体3200円

人の生活の根本にかかわる学問でありながら、具体的な内容はあまり知らない人も多い「農学」。日本の農学をリードしてきた第一線の研究者達が、「農学とは何をする学問か？」「農学と実際の『農』はどう繋がっているのか？」を丁寧に解説する。

兵庫県大 太田英利監訳　池田比佐子訳
生物多様性と地球の未来
―6度目の大量絶滅へ？―
17165-5 C3045　　B5判 192頁 本体3400円

生物多様性の起源や生態系の特性、人間との関わりや環境等の問題点を多数のカラー写真や図を交えて解説。生物多様性と人間／生命史／進化の地図／種とは何か／遺伝子／貴重な景観／都市の自然／大量絶滅／海洋資源／気候変動／浸入生物

東大 宮下 直・東大 瀧本 岳・東大 鈴木 牧・東大 佐野光彦著
生物多様性概論
―自然のしくみと社会のとりくみ―
17164-8 C3061　　A5判 192頁 本体2800円

生物多様性の基礎理論から、森林、沿岸、里山の生態系の保全、社会的側面を学ぶ入門書。〔内容〕生物多様性とは何か／生物の進化プロセスとその保全／森林生態系の機能と保全／沿岸生態系とその保全／里山と生物多様性／生物多様性と社会

東大 神崎亮平編著
昆虫の脳をつくる
―君のパソコンに脳をつくってみよう―
10277-2 C3040　　A5判 224頁 本体3700円

昆虫の脳をコンピュータ上に再現する世界初の試みを詳細に解説。普通のパソコンで昆虫脳のシミュレーションを行うための手引きも掲載。〔目次〕昆虫の脳をつくる意味／なぜカイコガを使うのか／脳地図作成の概要とソフトウェア／他

前北大 近藤誠司編
シリーズ〈家畜の科学〉6
ウマの科学
45506-9 C3361　　A5判 232頁 本体3800円

役畜であり肉畜であり乗騎でもある、家畜の中でも最も多様なあり方で人類と共にいたウマをさまざまな分野から総合的に解説。〔目次〕ウマの起源／競走馬の生産システム／ウマの消化の特徴／ウマの行動の特徴／野生化したウマたち／他

龍谷大 大門弘幸編著
見てわかる農学シリーズ 3
作物学概論（第2版）
40548-4 C3361　　A5判 208頁 本体3800円

作物学の平易なテキストの改訂版。図や写真を多数カラーで収録し、コラムや用語解説も含め「見やすく」「わかりやすい」構成とした。〔内容〕総論（作物の起源／成長と生理／栽培環境と環境保全）、各論（イネ／ムギ／雑穀／マメ／イモ）

前日清製粉 長尾精一著
食物と健康の科学シリーズ
小麦の機能と科学
43547-4 C3361　　A5判 192頁 本体3600円

人類にとって最も重要な穀物である小麦について、様々な角度から解説。〔内容〕小麦とその活用の歴史／植物としての小麦／小麦粒主要成分の科学／製粉の方法と工程／小麦粉と製粉製品／品質評価／生地の性状と機能／小麦粉の加工／他

神戸芸工大 西村幸夫・工学院大 野澤 康編
まちを読み解く
―景観・歴史・地域づくり―
26646-7 C3052　　B5判 160頁 本体3200円

国内29カ所の特色ある地域を選び、その歴史、地形、生活などから、いかにしてそのまちを読み解くかを具体的に解説。地域づくりの調査実践における必携の書。〔内容〕大野村／釜石／大宮氷川参道／神楽坂／京浜臨海部／鞆の浦／佐賀市／他

上記価格（税別）は2019年2月現在